Luxury
럭셔리
홈베이킹
SERIES 05
Home Baking

특별한 레시피를 원하는 홈베이커들을 위한

구움과자

KB246938

니대인

구움과자

초판3쇄 발행일   2018년 10월 25일
초판3쇄 인쇄일   2018년 10월 05일
초 판 인 쇄 일   2017년 10월 13일

지 은 이   허니쿠키 김지은
발 행 인   박영일
책 임 편 집   이해욱

편 집 진 행   강현아
표지디자인   박수영
본문디자인   신해니

발 행 처   시대인
공 급 처   (주)시대고시기획
출 판 등 록   제 10-1521호
주   소   서울시 마포구 큰우물로 75(도화동 538) 성지 B/D 9F
전   화   1600-3600
팩   스   02-701-8823
홈 페 이 지   www.sidaegosi.com

I S B N   979-11-254-3997-4(13590)

정   가   15,000원

경험보다 중요한 것은 없어요. 많이 만들어 보는 것만이 최선이랍니다.

제가 어릴 적 엄마는 뭐든 집에서 만들어주시곤 했어요. 오븐이 거의 없던 그 시절에도 프라이팬에 빵이나 피자를 직접 만들어 주셨지요. 오븐이 생겼던 중학교 때는 아무것도 모르고 과자를 만들어서 친구들과 나눠 먹었던 기억이 있어요. 어떤 재료를 넣었는지, 어떻게 만들었는지, 맛도 기억나지 않지만 아주 재미있었다는 것은 똑똑히 기억해요. 그래서였을까요? 저도 아이에게 제 손으로 직접 간식을 만들어주겠다고 다짐하며 베이킹을 시작했는데요. 하다 보니 점점 재미있어지고 열정이 생겨 깊게 공부하다 보니, 어느새 베이킹 클래스를 5년 동안 운영한 선생님이 되었답니다.

'구움과자'가 보편화된 건 오래되지 않았어요. 3~4년 전쯤 일본의 백화점에 즐비하게 진열되어있던 구움과자들을 보면서 우리나라에도 금방 들어오겠다고 생각했었던 적이 있었지요. 그때는 지금처럼 베이킹 인구가 많지 않아 더 늦게 유행할 줄 알았는데, 베이킹과 디저트에 관심을 갖는 인구가 급격하게 늘어나면서 구움과자의 유행도 빨라지게 되었네요. 구움과자는 화려하지 않은 재료를 단순한 공정으로 만들어야하기 때문에 맛내기가 쉽지 않아요. 단순해보이지만 맛은 섬세해야 해서 하나하나의 손맛이 아주 중요하죠. 그래서 저도 만들면서 가장 어렵고 힘들었던 것이 바로 구움과자였습니다.

홈베이킹을 시작으로 12년 넘게 베이킹을 하면서 겪었던 시행착오는 여느 초보 수강생들과 크게 다르지 않더라고요. 하지만 이 책을 보시는 여러분들은 저와 같은 시행착오를 겪지 않으셨으면 하는 마음에서 제가 취미로 시작하면서 느꼈던 경험과 베이킹 클래스를 운영하면서 느꼈던 것들을 종합해서 최대한 알기 쉽게 다루려고 노력했답니다.

베이킹을 오래 하다 보니 재료에 대한 기본적인 이해가 얼마나 중요한지를 날마다 깨닫고 있어요. 때문에 간단한 이론을 소개했는데요. 기본적인 이론과 구움과자를 많이 만들면서 쌓인 경험이 합쳐지면 베이킹의 즐거움이 한층 더 업그레이드되지 않을까 싶어 적어보았어요. 물론 이론적인 것을 깊게 다루려 하지는 않았습니다. 경험보다 더 중요한 것은 없으니까요. 경험을 바탕으로 이론이 조금이라도 도움이 되길 바랄뿐이에요.

시험결과를 남겨둔 아이처럼 떨리고 설레고 걱정이 앞서네요. 사람들마다 입맛이 다르듯, 만드는 과정도 조금씩 다르고 생각하는 것도 다르다는 것을 이해해주시고 즐겁게 봐주시면 좋을 것 같아요. 즐거운 베이킹에 제 책이 조금이나마 도움이 되길 바랄게요.

구움과자 책을 겨울에 의뢰받고 원고를 넘기니 벌써 가을이 다가왔네요. 책을 준비하면서 주일에도 작업실에 나와야 했기에 한동안은 남편이 오롯이 아이들을 돌봐야했어요. 남편의 도움 덕분에 무사히 원고를 넘길 수 있었답니다. 사랑하는 남편에게 감사하다는 말과 엄마 없이 아빠와 잘 있어준 사랑하는 내 아이들, 성윤이와 예린이에게도 고맙다고 꼭 전해주고 싶어요. 그리고 저를 아시는 모든 분들께도 인사드립니다.

모두 감사합니다.

허니쿠키 김지은

PROLOGUE

PART 1

Cookies

PART 2
Financier & Madeleine

PART 3
Muffin & Pound

PART 4

Cake

PART 5

Pie

PART 8

Extra

구움과자 재료의 이해

제과제빵에 있어서 재료를 이해하는 것은 베이킹을 즐겁게 하기위한 기본적이면서도 중요한 요소라고 생각해요. 주 재료뿐만 아니라 부가적으로 들어가는 재료가 어떤 맛인지, 어떤 특성을 가지고 있는지를 생각하고 베이킹을 시작하면 완성될 제품을 예상하는 즐거움을 느낄 수 있거든요.

이 부분은 구움과자를 만들 때 참고할만한 재료에 대한 설명을 적었어요. 재료 설명을 통해 제과의 기본기를 쌓으며, 만들수록 더 어렵게 느껴지는 구움과자를 조금이라도 쉽게 이해하실 수 있기를 바랄게요.

■ 밀가루

베이킹에 있어서 가장 기본이 되는 재료인 밀가루는 단백질 함량에 따라 일반적으로 강력분, 중력분, 박력분으로 나뉘며, 단백질 함량은 강력분이 11~13%, 중력분이 8~10%, 박력분이 7~9% 정도로 구성되어 있어요. 구움과자에서는 글루텐이 적어 부드러운 식감을 내는 박력분을 주로 사용하지만, 들어가는 재료나 배합에 따라 중력분이나 강력분을 단독으로 또는 같이 사용하기도 한답니다. 책에 있는 레시피로 한 번 만들어보고 좀 더 묵직한 식감을 내고 싶다면 중력분이나 강력분으로 바꿔 만들어도 좋을 것 같아요. 각각의 재료에 따라 어떤 식감을 내는지 만들어보고 먹어보는 것도 베이킹을 하는 또 다른 즐거움이 아닐까요?

밀가루에 글루텐이 많이 형성되면 단단해지고 질겨질 수 있지만 이 현상은 글루텐뿐만 아니라 다른 재료로 인해 생길수도 있어요. 모든 재료에는 각각의 특성이 있지만 딱 한 가지 특성을 가진 것은 아니며, 다른 재료와 섞이면서 생기는 특성도 있답니다. 그렇기에 재료에 대한 공부를 꾸준히 해서 폭 넓게 이해하면 베이킹을 할 때 많은 도움이 될 거예요. 재료에 대한 이해라고 해서 너무 어렵게 생각하기보다는, 우리가 평소에 느꼈던 재료에 대해 생각하면 편할 것 같아요. 이 재료는 익혔을 때 단단했는지, 부드러웠는지, 거칠었는지 등등 다양하게 생각하다보면 각각의 재료와 어울리는 재료를 선택할 수 있고, 완성되었을 때의 제품 상태를 예상할 수 있어요.

보관방법 / 밀가루는 다른 재료의 냄새를 쉽게 흡수하는 성질이 있어요. 때문에 다른 냄새가 들어가지 않도록 밀봉하거나 통에 담아 보관하는 것이 가장 좋고, 서늘하고 그늘진 곳에 보관하는 게 좋습니다. 요즘에는 유기농 밀가루를 많이 사용하는데 유기농 밀가루는 다른 밀가루에 비해 벌레가 생기기가 쉬우니 양이 많은 경우에는 kg 단위로 나눠 밀봉해서 사용하는 걸 추천할게요. 오랜 기간 사용하지 않을 경우엔 밀봉하여 냉동보관해주세요.

■ 버터

베이킹 재료 중 비싼 편에 속하는 버터는 구움과자에서 없어서는 안 될 중요한 재료예요. 구움과자는 버터가 주가 되어 만들어지기 때문에 버터가 주는 풍미 또한 제품의 품질에 있어서 큰 역할을 하게 되지요. 베이킹이 보편화되면서 사람들의 입맛에 따라 버터도 여러 가지의 맛과 향을 지닌 제품들이 선보여지고 있는데 크게 발효버터, 천연버터, 가공버터로 나눌 수 있어요.

먼저 **발효 버터**는 우유에서 분리한 크림에 젖산을 넣어 발효시킨 산도가 높은 버터를 말합니다. 단가가 비싸고 유통기한이 짧다는 단점이 있지만 진한 버터의 풍미와 높은 영양가로 점점 그 수요가 늘어나고 있어요. **천연버터**는 유지방이 80% 이상 함유된 버터이고, **가공버터**는 유지방이 50% 이상 함유된 버터인데요. 가공버터에는 유화제나 다른 첨가물들이 들어있어 풍미나 영양가적인 면에서는 조금 떨어지는 편이에요. 그 외에 버터로는 **가염버터**가 있는데 1~2% 정도의 소금을 버터를 만드는 마지막 공정에 넣어 만든 버터를 말한답니다.

베이킹이 점점 보편화되면서 가공버터보단 몸에 좋고 풍미가 높은 천연버터와 발효버터를 사용하시는 홈베이커와 매장들이 늘어나고 있어요. 하지만 버터의 풍미가 좋다고 해서 무조건 사용하기보다는 제품의 특성에 맞게 버터를 골라야 한다고 생각해요. 다양하게 버터를 사용하면서 재료에 따라 어떤 버터가 더 어울리는지 만들어보고, 먹어보며 결정해야 더 맛있는 제품을 만들 수 있어요.

구움과자에서는 쿠키, 파운드, 케이크가 버터의 사용이 많은데요. 이때 버터는 실온상태로 두었다가 덩어리 없이 잘 풀어줘야 한답니다. 보통 '마요네즈화한다. 포마드한다.'라고 말씀하시는데요. 마요네즈보다 좀 더 단단한 상태가 되어야 해요. 마요네즈처럼 윤기가 많이 나고 부드러우면 버터의 온도가 많이 올라가 있는 상태로, 버터의 성질을 제대로 이용하지 못하고 다른 식감을 만들어 낼 수 있답니다. 그렇다고 해서 너무 차가워도 안 되니 원형주걱으로 눌렀을 때 약간의 힘으로 풀어지는 정도로 만들어 주세요. 날씨가 너무 추우면 버터를 랩으로 감싸 손으로 누르거나 주머니에 넣어났다가 적당한 상태가 되면 사용하고, 날씨가 너무 더우면 냉장실에 넣어났다가 시원한 상태로 사용하면 됩니다. 버터가 완전히 녹았을 때는 버터의 구조가 변해 다시 사용하기는 어려우니 주의해주세요.

보관방법 / 버터도 신선한 제품을 사용해야 풍미와 맛이 좋으니 되도록이면 소량씩 구매해서 냉장으로 보관했다가 사용하는 것이 제일 좋아요. 하지만 대량으로 구매를 했고, 1년 이상 보관을 해야 한다면 냉동보관하는 것이 좋습니다.

■ 설탕

사탕수수가 주원료인 설탕은 베이킹에 있어서 큰 역할을 하는 재료 중 하나예요. 설탕이 다른 재료와 섞이면서 수분이 생겨 단맛을 내는 것은 물론이고, 보수성이 생겨 탈수와 노화를 방지해 제품을 촉촉하게 만들기 때문이에요. 또한 글루텐 형성을 막아 제품을 부드럽게 하며, 산화를 억제시키는 방부제 역할을 하기도 하고요. 제품이 먹음직스럽게 보이도록 갈색 빛과 윤기를 내거나, 기포를 단단하고 안정성 있게 만들어 달걀거품을 낼 때도 큰 역할을 해요.

간혹 촉촉한 아메리칸 스타일의 쿠키를 만들 때, 설탕의 양을 줄이는 경우가 있는데 설탕을 줄이게 되면 촉촉하고 부드러운 식감의 쿠키가 아닌 단단한 쿠키가 되어버려요. 때문에 설탕을 무조건 줄이기보다는 제품의 특성에 맞게 조절하는 것이 아주 중요하답니다.

보관방법 / 설탕은 수분이 없어서 변질되지 않아 유통기한이 따로 없어요. 제품봉지에도 제조일자는 있지만 유통기한이 없는 게 그 이유랍니다. 보관하실 때는 벌레나 먼지가 들어가지 않도록 밀봉해서 서늘한 그늘에 보관하세요.

■ 소금

구움과자에서 약간의 소금은 구움과자의 전체적인 맛을 끌어올리는 역할을 하는데요. 향이 나는 재료를 넣지 않아 단순한 구움과자를 만들 때는 '간'을 잘해야 맛을 살릴 수 있습니다. 굵은 입자의 소금은 잘 녹지 않을 수 있으니 갈아서 사용하는 것이 좋으며, 천일염의 씁쓸한 뒷맛이 싫다면 저처럼 구운 소금을 이용해 깔끔한 맛의 구움과자를 만들어 보세요.

■ 달걀

베이킹에서 큰 역할을 담당하고 있는 달걀은 제품의 구조를 단단하게 하고 반죽의 수분원이 되며, 거품을 형성해서 제품을 부드럽게 만드는 역할을 해요. 또한 제품에 풍미를 주고 먹음직스러운 구움색을 내며, 가열을 했을 때 단백질이 굳어져 형태를 유지시켜주기도 한답니다.

달걀의 흰자는 다량의 수분으로 이루어진 단백질로 구성되어 있는데요. 머랭을 만들 때는 거품이 잘 올라오게 하기 위해서 오래된 흰자를 사용해요. 이때 만들어지는 거품은 불안정한 상태이지만 여기에 설탕을 넣으면 불안정한 거품이 단단하고 밀도 있게 만들어져요. 앞서 말씀드린 설탕의 역할을 기억하시면 좋을 것 같아요. 이런 흰자가 섞인 전란을 버터와 섞을 때는 주의가 필요한데요. 수분이 많은 흰자와 지방인 버터는 잘 섞이기가 힘들기 때문이지요. 그렇기 때문에 달걀을 조금씩 넣으며 버터와 섞어야 순두부처럼 분리되는 현상이 일어나지 않으니 꼭 기억해두세요.

이와 반대로 노른자에는 유화제 성분인 레시틴이 다량 함유되어 있어서 제품들끼리 잘 섞이게 만들어요. 노른자가 더 많이 섞인 배합이나 노른자로만 이뤄진 배합으로 만들 때는 흰자가 많은 배합보다는 좀 더 많은 양을 반죽에 넣어 섞어도 크게 분리될 일이 적으니 안심하세요.

■ 유제품

우유나 생크림은 유당과 단백질 함량이 많아 설탕과 비슷한 역할을 합니다. 유제품 속의 유당은 굽는 과정에서 캐러멜화되어 제품 껍질의 색을 내고, 단백질은 보수성을 가지고 있어서 제품을 촉촉하게 만들어주지요. 또한 유제품을 넣어 만들면 제품의 풍미가 한층 더 업그레이드된답니다.

■ 바닐라 익스트랙트

베이킹을 처음 시작하시는 분이 계신다면 저는 가장 먼저 바닐라 익스트랙트 만들기를 권해드릴게요. 베이킹을 함에 있어서 언제든지, 어떤 제품이든지 꼭 들어가는 재료이고 쉽게 상하지 않기 때문에 한 번 만들어 두면 굉장히 편리하거든요. 레시피에 나와 있지 않더라도 모든 과정에 조금씩 다 들어간다고 보시면 돼요. 술과 바닐라빈이 따로 들어가지 않는다면 중간이나 마지막 과정에 바닐라 익스트랙트를 2~3방울 정도 넣으면 밀가루가 가지고 있는 잡내나, 달걀 비린내를 없애준답니다. 양을 좀 더 늘려 사용한다면 바닐라향이 가득한 마들렌이나 파운드를 만들 수도 있어요.

시중에서 파는 바닐라 에센스나 바닐라 익스트랙트는 향도 약할 뿐 아니라 가격도 비싸 사용하기에 부담스러우셨죠? 바닐라빈을 구입해 집에서 한번 만들어두면 1~2년쯤은 거뜬히 사용하고도 남으니까 꼭 만들어 두세요. 만드는 방법은 뒤에서 자세히 소개해 드릴게요(p.34 참고).

■ 술

없으면 없는 대로 빼고 만들 수 있지만, 더 맛있는 구움과자를 원한다면 술을 넣어 보세요. 술은 전체적인 맛의 베이스를 잡아주는 중요한 역할을 한답니다. 정말로 많은 술들이 베이킹에서 사용되고 있지만 가장 기본적으로 사용하면 좋은 술들을 소개해 드릴게요.

제가 가장 기본이라고 생각하는 술은 '럼'입니다. 럼은 당밀이나 사탕수수를 발효시켜 증류한 것으로 크게 화이트럼, 골드럼, 다크럼(블랙럼)으로 나뉘어요. **화이트럼**은 가장 많이 사용되는 술로, 바닐라 익스트랙트를 만들기도 하고 밀가루의 잡내나 달걀의 비린내 등을 없애주기도 해 어렵지 않게 사용할 수 있는 술 중에 하나예요. 재료에 맞게 다양한 술들을 구비하고 있으면 좋겠지만, 처음 베이킹을 하시는 분이라면 화이트럼 하나만 있어도 충분하답니다. 화이트럼에 비해 깊고 달콤한 풍미를 가지고 있는 **골드럼**과 **다크럼**은 오크통에 넣어 숙성한 럼인데, 숙성정도에 따라서 골드와 다크로 나뉘게 됩니다. 구움과자를 만들 때 좀 더 다양한 향으로 재료와의 조화를 이루고 싶다면 이 두 가지를 적절히 사용하면 좋아요. 개인적으로 저는 골드럼과 다크럼을 많이 사용하고 있는데요. 각자 맛과 향이 다르니 기회가 되면 한 번씩 먹어보고 향도 맡아보면서 재료와 어울리는 술로 베이킹하면 좋을 것 같아요.

그 다음엔 깔루아나 쿠앵트로를 추천해드려요. **깔루아**는 럼을 커피와 블랜딩해서 만든 리큐어로 커피가 들어가는 제과에 사용하면 아주 좋아요. **쿠앵트로**는 오렌지 껍질과 알코올을 블랜딩해서 만든 오렌지 리큐어로 과일이 들어가는 제과에 주로 사용되는데요. 과일 외에도 초콜릿이나 홍차와도 아주 잘 어울려 같이 사용하면 더욱 진한 풍미를 느낄 수 있답니다. 여기서 더 영역을 넓힌다면 **위스키**와 **브랜디**를 사용해보세요. 구움과자와 굉장히 잘 어울리거든요.

이처럼 베이킹을 하면서 점점 맛에 즐거움을 찾게 될 때 사게 되는 것이 바로 베이킹용 술이에요. 많이 만들어보고 많은 술들을 접해보면서 더 맛있는 맛의 세계로 들어가시길 바랍니다.

구움과자를 만드는 기본 도구

구움과자를 만들 때 사용하는 기본 도구들은 흔하지만 각각의 쓰임새를 정확하게 알지 못하는 경우가 많은 것 같아요. 필요에 따라 사용하는 도구들이 다르고 다양하게 쓰이는 도구들도 있으니 아래 내용을 잘 읽어두셨다가 상황에 맞는 도구를 사용하시길 바랄게요.

■ 오븐

베이킹에서 가장 중요한 것은 누가 뭐래도 오븐이죠. 때문에 베이킹을 하기 전에 자신이 가지고 있는 오븐의 상태를 제대로 체크하는 것이 매우 중요해요. 일단은 많이 만들고 구우면서 완성된 제품의 상태를 하나하나 확인해. 어느 곳이 가장 많이 구워지고 어느 곳이 가장 덜 구워지는지 파악해야 해요.

일반적으로 많이 사용하고 있는 오븐은 위아래로 지나가는 열선의 열로 굽는 **열선오븐**과 뜨거운 바람으로 굽는 **컨벡션오븐**으로 나뉘어요(데크오븐과 가스오븐도 있지만 데크오븐은 업장용이고, 가스오븐은 대중적인 오븐이 아니기 때문에 제외합니다). 열선오븐은 열선이 있는 곳과 없는 곳에 따라 제품이 구워지는 정도가 다르고, 컨벡션오븐도 뜨거운 바람이 얼마나 많이 오느냐에 따라 구워지는 정도가 달라질 수 있어요. 책에 나와 있는 오븐의 온도는 같은 오븐이라고 할지라도 사용 정도에 따라, 만들어진 시기에 따라 달라지고, 열선이냐 컨벡션이냐에 따라서도 달라집니다. 또한 오븐의 크기와 높낮이에 따라 달라지기도 하고 오븐 안쪽이냐 문 앞쪽이냐, 작업장의 온도는 어떠하냐에 따라서 약간의 차이도 있을 수도 있으니 굽기 전에 항상 오븐을 체크해 주세요.

오븐은 항상 구우려고 하는 온도보다 10~15℃ 정도 더 올려서 예열해두고, 반죽의 양에 따라서도 온도를 조절해 주세요. 예를 들어 4판을 한꺼번에 구울 수 있는 컨벡션오븐의 경우, 1판을 구울 때의 온도와 4판을 구울 때의 예열되는 온도가 달라야 해요. 또한 오븐 문을 한번 열고 닫을 때마다 앞쪽의 온도가 급격하게 내려가고, 많은 양의 반죽이나 철판을 넣을 경우에도 온도가 내려가기 때문에 예열 온도는 자신이 굽고자 하는 온도보다 조금 더 높게 잡아야 해요. 팬을 넣으면 온도가 내려갔다가 다시 올라오는데, 내가 굽고자 했던 온도가 되면 그 온도로 맞춰놓고 나머지 시간동안 구워주세요. 이때 오븐 온도계를 오븐 안에 넣어놓고 이용하면 아주 편리해요. 이처럼 오븐의 온도를 확실하게 해두지 않으면 제품이 쳐지거나 퍼지거나 버터가 녹아나오는 등 완성도 있는 제품이 나오기가 어려우니 꼭 주의하세요.

■ 원형주걱(초콜릿 공예용 주걱)

원형주걱의 정확한 명칭은 '초콜릿 공예용 주걱'입니다. 구움과자를 만드는 분들을 보니 이 도구와 비슷한 나무주걱을 많이 사용하시는데, 저는 나무주걱보다 초콜릿 공예용 주걱이 위생상 깨끗함은 물론 다루기도 더 쉽고 그립감도 좋은 편이라 주로 사용해요. 이 책에서는 대부분 초콜릿 공예용 주걱을 이용해서 만들었지만 편의상 '원형주걱'이라고 표시했어요.

원형주걱은 버터를 '크림화'할 때 사용합니다. 다른 재료보다 조금 단단한 편인 버터는 끝이 단단한 주걱을 이용해서 다뤄야 손에 무리가 가지 않기 때문이에요. 버터크림화를 할 때 원형주걱을 사용하면, 거품기나 믹싱기를 사용했을 때보다 더 미세한 공기층을 형성할 수 있어서 완성된 제품의 식감이 더욱 부드러워져요. 물론 거품기나 믹싱기를 사용한다고 해서 맛이 없어지는 것은 아닙니다. 재료에 따라서 거품기를 이용할 수도, 믹싱기를 이용할 수도 있어요. 다만 어떤 도구를 사용하느냐에 따라서 식감이 조금씩 바뀔 수 있는데, 이 책에서는 기본적으로 버터크림화를 한다고 하면 원형주걱을 이용해서 미세한 입자의 공기층을 형성해 좀 더 좋은 식감을 얻으려고 노력했답니다.

■ 고무주걱

고무주걱은 끝이 말랑말랑해 밀착력이 좋아서 반죽을 깔끔하게 정리할 때 참 좋습니다. 원형주걱을 사용해 버터를 다루는 중간에 고무주걱으로 한 번씩 볼의 옆면을 정리하면 크림화가 안 된 버터 없이 완벽하게 반죽을 할 수 있어요. 또한 가루재료를 섞을 때도 고무주걱을 사용하는데요. 가루재료처럼 가볍고 재빨리 옆면을 정리해가면서 섞어야 하는 경우에 반죽을 자르듯이 섞으며 정리하면 아주 간편해요.

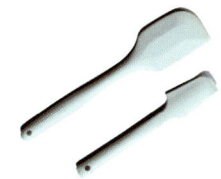

■ 나무주걱

밑이 일자인 나무주걱은 캐러멜소스나 잼을 만들 때 자주 사용해요. 아랫부분이 평평하다 보니 냄비의 밑바닥까지 긁으며 저어줄 수 있어 타지 않게 조리는데 아주 좋아요. 고무주걱을 사용해서 만들어도 되지만 자칫하면 주걱이 탈 수 있어 위생상 좋지 않기 때문에 나무주걱을 사용하는 것이 좋답니다.

■ 거품기 / 믹싱기

거품기와 믹싱기는 버터를 크림화하거나 달걀흰자의 거품을 내 머랭을 만들 때 사용합니다. 이 책에서는 버터를 크림화할 때 원형주걱을 사용했지만, 원형주걱을 다루기 힘든 분들이나 많은 양을 버터를 크림화해야 할 때는 거품기나 믹싱기를 사용하는 것이 편리합니다. 믹싱기를 이용해서 크림화를 할 때는 가장 낮은 단에서 천천히 믹싱해주세요. 빠른 속도로 섞으면 크림화가 너무 많이 되는 것은 물론 기공이 많이 들어가 식감을 해칠 수 있답니다.

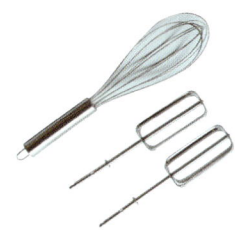

■ 저울 / 미량계

재료의 정확한 계량을 위해서 반드시 필요한 것이 바로 저울입니다. 저울은 1g 단위부터 2kg까지 잴 수 있는 저울을 사용하는 것이 좋으며, 추가적으로 미량계도 한 개 더 있으면 편리하게 계량할 수 있어요. 비싸고 큰 미량계 말고 1g 이하를 젤 수 있는 작은 미량계를 준비하시면 구움과자를 만들 때, 보다 더 정확한 계량으로 실패를 줄일 수 있어요.
* 미량계 제품정보 – MH-500

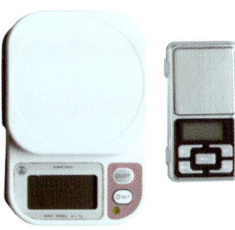

■ 믹싱볼 / 중탕볼 / 냄비

• **믹싱볼** / 버터를 다루거나 가루를 섞거나 머랭을 만들 때 필요한 믹싱볼은 보통 스테인리스 제품을 많이 사용해요. 플라스틱 제품은 믹싱기를 사용하다보면 긁히는 경우가 있는데 그 틈 사이로 버터의 기름기가 끼어서 위생상 좋지 않고, 유리볼은 자칫하면 깨질 위험이 있기 때문이에요. 주로 지름 30cm의 볼을 기본으로 사용하지만, 재료의 양에 따라서 믹싱볼의 크기를 달리 하는 것이 좋아요. 양이 적을 때는 작은 사이즈의 볼이나 중탕볼을 사용하고 양이 많을 때에는 더 큰 볼을 사용하면 빠르고 편리하게 사용할 수 있답니다.

• **중탕볼** / 초콜릿을 녹이거나 적은 양의 제품을 다룰 때 사용하면 좋습니다. 바닥이 평평해야 재료를 바로 계량하거나 믹싱할 때 편리하니 가능하면 바닥이 평평한 제품을 고르세요.

• **냄비** / 불조절만 잘 신경 쓴다면 냄비의 두께에 상관없이 스텐냄비나 코팅냄비 등 다양하게 사용해도 무방합니다. 가끔 밑바닥이 너무 두꺼운 냄비는 뜨거운 열을 그대로 가지고 있어서 불을 끈 이후더라도 잔열로 인해 완성된 제품이 타거나 달라지는 경우가 있어요. 이럴 때는 완성된 제품을 다른 볼에 옮겨 두는 것이 좋아요. 또한 가스불을 이용한다면 냄비 사이즈에 맞게 불을 조절해서 냄비 가장자리로 불이 넘어가지 않게 주의해주세요.

■ 스텐체 / 분당체

가루재료를 체 치거나 슈가파우더를 뿌릴 때 필요한 스텐체와 분당체입니다. 스텐체는 주로 밀가루나 각종 분말과 같은 가루재료를 체 치거나, 재료의 수분을 제거할 때 사용하는데요. 스텐체에 걸이가 있다면 수분을 제거할 때 볼에 걸쳐놓기 좋아 아주 편리해요. 분당체는 완성된 제품에 데코파우더나 슈가파우더를 뿌려 장식할 때나, 달걀물을 체에 걸러 알끈을 제거할 때 주로 사용한답니다.

■ 붓

달걀물을 바르거나 밀가루를 털어낼 때, 버터를 칠할 때 등 다양하게 사용하게 되는 붓은 일반 붓과 실리콘 붓으로 나뉩니다. 고가의 일반 붓은 털이 빠질 염려가 덜한 편인데 비해, 보통의 베이킹 붓들은 털이 많이 빠지는 경향이 있어 베이킹을 할 때 여간 신경 쓰이는 게 아닌데요. 이럴 땐 처음 붓을 구매했을 때 붓털과 나무를 연결해주는 철 부위를 눌러 이음새를 단단하게 만들면 털이 빠지는 게 조금은 덜해요. 이런 불편함과 번거로움 때문에 위생상 좀 더 깨끗하게 관리할 수 있는 실리콘 붓을 사용하는 분들이 많으신데요. 실리콘 붓은 두께가 두껍고 힘이 없기 때문에 달걀물을 입히거나 버터를 칠할 때 불편함이 있어 저는 가능하면 일반 붓을 사용하고 있어요.

■ 스파이크 롤러 / 포크

스파이크 롤러와 포크는 파트 슈크레나 파트 브리제, 푀이타주 라피드 반죽에 구멍을 내어 반죽이 잘 익을 수 있도록 도와주는 도구입니다. 넓고 큰 반죽에는 스파이크 롤러를 사용하지만 작고 굴곡이 있는 곳에는 포크를 사용해 구석구석 구멍을 뚫어주는 것이 좋아요.

■ 나무 폴대 / 각봉

나무 폴대나 각봉은 케이크 시트를 반으로 자를 때 주로 사용하는데요. 구움과자에서는 반죽을 얇게 밀거나 두께를 조절할 때 많이 사용합니다. 스테인리스로 된 제품도 있지만 눌러서 사용해야하는 제품인 경우에는 화방에서 파는 나무 폴대를 사용해도 좋아요. 화방에는 무척 저렴하면서도 다양한 두께와 너비로 된 제품이 많아 원하는 제품을 고르기가 쉽답니다.

■ 밀대

밀대는 나무 밀대와 플라스틱 밀대 두 가지로 나뉘는데요. 어떤 것을 쓰시던 따로 모양을 만들게 아니라면, 거칠지 않고 매끈한 밀대를 골라 사용하는 것이 좋습니다. 그리고 가능하면 되도록 긴 밀대를 사용해주세요.

■ 적외선 온도계 / 전자식 온도계 / 수은식 온도계

• **적외선 온도계** / 제품 속의 온도가 아닌 겉 표면의 온도를 재는 온도계입니다. 때문에 끓고 있는 반죽의 경우는 부분적으로 온도가 다 틀려서 정확하지 않아요. 적외선 온도계를 사용할 때는 움직이지 않는 반죽 상태만 측정하는 것이 좋아요.

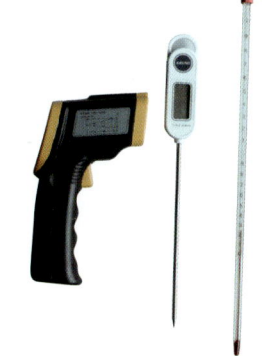

• **전자식 온도계** / 대부분은 온도를 바로 확인할 수 있는 전자식 온도계를 가장 많이 사용해요. 하지만 전자식은 같은 회사의 제품이라 해도 측정 온도가 서로 달라 정확하지 못하다는 단점이 있습니다. 또한 온도를 측정할 때도 빠르게 온도가 올라가지 않아 측정하고자 하는 반죽에 처음부터 넣고 온도를 측정해야하는 불편함이 있어요.

• **수은 온도계** / 고온을 측정할 경우 깨질 위험과 작은 눈금으로 온도를 확인해야 한다는 단점이 있어서 흔하게 사용되는 도구는 아니에요. 그럼에도 불구하고 이 온도계를 사용하는 이유는 전자식보단 훨씬 정확한 온도 측정으로 제품을 항상 균일하게 만들 수 있고, 어느 정도 반죽의 온도를 올린 후에 온도계를 꽂아 측정을 해도 빠르게 온도를 확인할 수 있기 때문이에요. 깨질 위험 때문에 관리가 필요하지만 개인적으로는 수은식 온도계를 추천합니다.

■ 쿠키커터 / 깍지

균일하고 예쁜 모양을 만들기 위한 쿠키커터와 깍지입니다. 스테인리스로 된 제품도 있고 플라스틱으로 된 제품도 있는데요. 어느 제품을 사용하건 위생상 관리가 반드시 필요해요. 특히 스테인리스로 만들어진 것은 제대로 물기를 닦지 않으면 녹슬기 쉬우니 깨끗이 씻어 수분을 빨리 제거해주는 것이 아주 중요합니다.

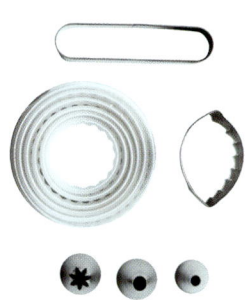

■ 스패츌러

크림을 바르거나, 다쿠아즈 만들 때 반죽을 다듬는 용도로 사용하는 스패츌러입니다. 사용하는 제품에 따라 일반 스패츌러나 L자 스패츌러를 사용하면 되는데요. 넓은 면을 빨리 정리할 때는 큰 스패츌러를 사용하고, 작고 좁은 면을 이용할 때는 미니 스패츌러를 사용하세요.

■ 웨이브 나이프(빵칼)

완성된 제품을 자를 때 사용하는 웨이브 나이프는 얇고 긴 것이 제품을 자를 때 좀 더 편리해요. 구움과자는 윗면이 단단하기 때문에 식도와 같은 민자 칼보단 굴곡이 있는 칼로 자르는 것이 조금 더 잘 잘린답니다.

■ 스크래퍼

버터를 잘라 가루재료와 섞을 때나 반죽의 윗면을 정리할 때 주로 사용합니다. 둥근면으로 되어 있는 스크래퍼는 볼에 넣은 버터나 재료들을 다룰 때 사용하고, 일자 스크래퍼는 반죽의 윗면을 다듬을 때 사용하면 아주 편리해요.

■ 여러 가지 틀

베이킹을 즐기는 인구가 늘어나면서 다양한 사이즈의 틀이 많이 만들어지고, 여러 경로를 통해서 수입되고 있기 때문에 원하는 모양의 틀을 쉽게 구입할 수 있어요. 어떤 틀을 사용하든 상관없지만 코팅의 유무와 상관없이 틀에 반죽을 채우기 전에 버터를 꼼꼼히 칠해야 반죽이 깨끗하게 떨어져 나오니까 꼭 참고하세요. 보관을 할 때는, 미지근한 물로 바로 세척해 뜨거운 오븐에서 물기를 빨리 없애야 녹슬지 않고 오랫동안 사용할 수 있어요. 틀에서 반죽을 꺼내고 바로 씻은 다음 잔열이 남아있는 오븐에 넣어 말려도 좋답니다.

■ 푸드 프로세서

책에는 사용하지 않았지만 차가운 버터를 빨리 작게 잘라서 사용해야하는 파트 브리제의 경우 푸드 프로세서를 사용하면 작업시간을 많이 줄일 수 있어요. 더운 여름철이나 손이 느린 분들이 사용하시면 정말 좋을 것 같아요. 개인적으로 무척이나 즐겨 사용하는 도구랍니다.
* 푸드 프로세서 제품 정보 - DLC-2AKR

미리 알아두면 유용한 것들

1. 구움과자를 맛있게 하는 버터크림화 방법

구움과자에서 가장 중요한 재료 중 하나인 버터. 이 버터를 어떻게 다루느냐에 따라 구움과자의 맛과 향이 달라져요. 버터는 가소성, 쇼트닝성, 크림성이라는 성질이 있는데 이를 이해하면 한 층 맛있는 구움과자를 만들 수 있답니다.

간단히 설명하자면, 버터의 **가소성**은 찰흙처럼 자유자재로 다룰 수 있는 성질을 말합니다. 버터는 13~18℃, 최대 20℃를 넘지 않도록 온도를 유지하면 작업할 최상의 상태가 됩니다. 너무 차가워도 안 되고 너무 뜨거워 녹은 상태도 안 돼요. 항상 최상의 온도를 유지해야 버터를 잘 다룰 수 있게 된답니다. **쇼트닝성**은 글루텐의 형성을 막고 조직을 부드럽게 만들어주는 성질을 말합니다. 유지가 많이 들어갈수록 베이킹을 했을 때 제품이 가볍고 부드럽게 되는데요. 쇼트닝성이 제대로 발휘되려면 가소성의 상태가 좋아야 해요. 위에서 얘기한대로 버터의 온도가 13~18℃, 최대 20℃가 되었을 때를 말하지요. 쉽게 말하면 마요네즈보다 단단한 상태가 아주 좋은 상태라고 생각하면 돼요. 마지막으로 **크림성**은 버터를 섞을 때 공기가 들어가 부드러워지는 성질을 말해요. 공기를 충분히 집어넣으면 버터가 부드러워지고 가벼워진답니다. 이 크림성이 제대로 발휘되려면 마찬가지로 적절한 온도로 유지된 버터를 다뤄야 해요. 이처럼 가소성, 쇼트닝성, 크림성을 종합해보면 한 가지 이야기를 하고 있어요. 버터를 가장 잘 다룰 수 있는 온도에서 작업을 시작하는 것이 최상의 상태라고 말이에요.

구움과자의 많은 제품들이 버터크림화를 이용해서 만들어져요. 대표적으로는 쿠키, 파운드, 케이크류이지요. 버터에 공기를 얼마나, 어떻게 집어넣느냐에 따라 제품의 질이 달라집니다. 쿠키의 경우는 부드럽게 먹기보단 바삭하고 단단한 식감으로 먹기 때문에 버터의 크림성이 많이 필요하지 않아요. 레시피대로 버터에 설탕을 한 큰술씩 넣으며 잘 섞은 후 종료하면 됩니다. 하지만 이때 버터의 온도가 너무 올라가면 공기 포집이 쉽게 일어나 쿠키가 퍼질 수 있어요. 거듭 말씀드리지만 항상 버터를 다룰 때에는 버터가 너무 무르지 않게 주의해주세요. 그에 반해 파운드와 케이크류는 쿠키보단 부드러운 식감으로, 충분히 공기를 넣어야 해요. 그렇지 않으면 밀가루냄새가 나고 단단한 식감이 되어버린답니다. 크림화를 할 때, 쿠키와 마찬가지로 레시피대로 설탕을 한 큰술씩 넣으며 섞되 쿠키보다는 2배 이상 주걱으로 저어서 공기포집이 더 많이 일어날 수 있도록 해주세요. 그러면 버터의 색이 더 뽀얗게 되고 부피가 늘어나며, 주걱을 들었을 때 쿠키보다는 좀 더 가볍게 느껴지실 거예요. 처음에는 그 기준을 잡기 어렵지만 자꾸 만들다 보면 손에 느낌이 오고 제품의 상태가 눈으로 확인될 때가 있어요. 이 과정을 글로 설명을 해드리는 건 한계가 있어요. 가장 좋은 방법은 직접 많이 만들어보는 것이랍니다.

• 버터크림화를 할 때 주걱 잡는 자세

사진처럼 주걱을 잡고 내 몸이 편하도록 약간 비틀어서 크림화를 시작합니다. 버터에 설탕을 나눠 넣으며 크림화를 하는데, 이때 원형이 아닌 '타원형'을 그리면서 버터를 다뤄주세요. 원형을 그리면서 크림화를 하면 버터가 벽 쪽으로 너무 많이 퍼지게 되고, 하다보면 몸이 힘들어 오랜 시간 크림화하기가 어렵습니다. 타원형을 그리면서 크림화를 해야 한 번에 더 많은 양의 버터를 다룰 수 있고 몸이 힘들지 않게 할 수 있어요.

• 그 외 주걱이나 거품기 다루는 방법

고무주걱이나 거품기도 원형주걱을 사용하는 방법과 같습니다. 사진과 같은 자세로 도구를 잡아 버터나 밀가루를 다루면 됩니다. 고무주걱은 끝이 물러 고체상태의 버터를 다루기 쉽지 않으니 원형주걱을 사용하고 가루를 섞을 시점부터 고무주걱을 사용하면 편하게 작업할 수 있어요.

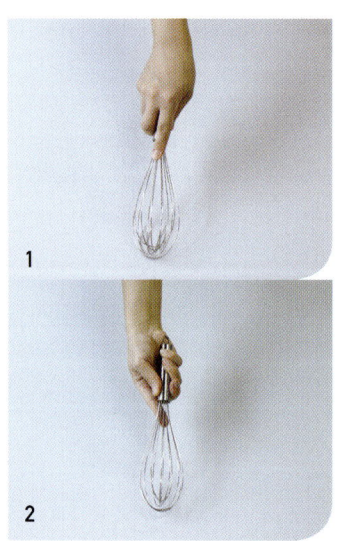

머랭이나 생크림을 다룰 때 사용하는 거품기의 자세도 다른 주걱과 별반 다르지 않아요. 머랭을 만들 때는 첫 번째 사진처럼 잡고 좌우로 흔들어가며 만들면 되고, 다른 재료와 섞을 때는 두 번째 사진처럼 손목을 돌려서 아래에서 위로 퍼 올리듯 함께 섞습니다. 이때 손목이 돌아가야지 거품기를 손안에서 돌리면 안 돼요. 거품기를 돌리지 마시고 손목을 가볍게 돌린 후 위로 가볍게 들어 올려 섞어주세요.

2. 틀에 맞게 종이 재단하기

베이킹을 하면서 가장 귀찮은 일중에 하나가 틀에 맞게 종이를 재단하는 일인 것 같아요. 그래서 저는 아예 종이를 틀에 맞게 잘라 넉넉히 만들어서 비닐팩에 넣어둔답니다. 이렇게 미리 준비해두면 맛있는 제품을 만들기가 좀 더 수월해져요.

종이를 구매할 때는 형광물질이 검출되지 않은 식품용 노루지를 이용해주세요. 유산지는 너무 얇아 오히려 제품의 형태를 받쳐주지 못하거나 제품과 같이 눌어붙는 경향이 있어 잘 사용하지 않게 되더라고요. 저는 주로 35g 노루지를 이용하는데요. 노루지가 더 두껍고 재단하기도 편하답니다. 인터넷을 찾아보면 다양한 두께와 다양한 사이즈로 종이를 재단해서 판매하고 있으니 인터넷 사이트를 적극 이용하는 것도 좋은 방법이에요.

1 노루지 위에 틀을 올리고 틀 높이까지 종이가 오도록 자릅니다.

2 틀을 대고 볼펜이나 연필로 바닥면에 선을 그어줍니다.

3 그은 선이 반죽에 닿지 않도록 반대로 뒤집어 선이 아래로 향하게 한 뒤 팬의 두께만큼 선 안쪽으로 접습니다.

4 4면을 모두 접어 선을 만들고, 세웠을 때 겹치는 부분을 가위로 자릅니다. 이때 같은 위치의 선을 자르는 것이 아니라 2군데씩 나눠 다른 쪽을 자르면 종이를 틀에 넣었을 때 안쪽으로 종이가 쓰러지는 것을 방지할 수 있습니다.

5 틀에 종이를 넣고 자른 부분을 정리해 종이가 안쪽으로 쓰러지지 않으면 완성입니다.

TIP 폭이 좁은 파운드틀을 이용할 때 역시 자르는 곳을 달리하면 종이가 쓰러지지 않아 반죽을 넣기가 더 수월합니다.

3. 구움과자를 만들기 전에 해야 할 준비

특별히 정해져 있지 않은 경우 모든 재료는 실온에서 30분 이상 두었다가 사용하세요.

찬기가 남아있는 상태로 작업을 하면 재료가 서로 섞이지 않아 공정자체가 어렵고 제품의 질이 떨어지기 쉽습니다. 특히 버터는 차가울 경우 크림화시키기도 어렵고 설탕과 섞기도 어렵죠. 겨우 설탕과 섞었다하더라도 지방인 버터와 수분이 많은 달걀은 혼합되기가 더 어렵습니다. 이때 흔히 말하는 순두부 현상이 일어나게 돼요(버터와 달걀이 섞이지 못하고 분리되는 상태). 버터의 온도를 올리기 쉽지 않으면 달걀을 따뜻한 물에 중탕으로 살짝 데워 사용하는 방법도 있지만 가장 좋은 건 버터를 미리 꺼내두었다가 사용하는 거예요. 버터의 온도를 빨리 올리고 싶으면 랩으로 싸서 손으로 주물럭거리거나 주머니에 넣어두었다 사용하면 좀 더 쉽게 온도를 올릴 수 있어요. 이때 랩에 묻은 버터도 깨끗하게 긁어서 사용하고, 너무 물렁거리지 않을 정도로만 주물럭거렸다가 사용하세요.

기본적으로 작업장의 온도는 약간 서늘한 것이 좋지만, 보통은 홈베이킹이기 때문에 온도를 조절하기에 어려움이 있어요. 이럴땐 온도가 낮아야 하는 것들은 냉장실에 넣었다가 사용하고, 작업하는 도중에 온도가 올라가면 냉장실에 다시 넣어서 적정한 온도가 되도록 한 다음에 사용하는 것이 좋아요. 거품을 내야 하는 달걀흰자나 휘핑해서 사용해야 생크림, 파트 브리제, 푀이타주 라피드에 들어가는 버터의 경우에는 냉장실에서 꺼낸 직후 바로 사용하도록 하고, 잠시 보관할 때에는 다시 냉장실로 옮겨 보관해 주세요.

모든 재료는 항상 정확하게 계량해서 사용하세요.

처음 시도하는 제품이라면 가능한 한 책에 나와 있는 분량으로 정확하게 계량해 사용하세요. 나중에 배합을 약간 조절하고 싶을 경우엔, 반드시 이전 배합으로 만들었을 때의 상태를 기억한 다음에 배합을 바꿔 서로 다른 점을 체크하는 것이 좋습니다. 너무 많은 양을 변형하지 말고 10g 단위로 바꿔가며 만들어보세요. 재료의 특성에 따라 더 많은 양을 변형해도 괜찮다 생각되는 제품들은 양을 늘리셔도 좋습니다. 예를 들어 쿠키나 파운드를 만들 때 밀가루의 경우는 좀 더 많은 양을 넣어 식감이 달라졌다 해도 제품이 완성되는 데는 문제가 없지만, 달걀의 경우는 갑자기 많은 양을 늘리게 되면 버터와 달걀이 섞이지 못해 분리될 수 있으니 무턱대고 늘리지는 말아주세요.

오븐은 만들기 전에 미리 원하는 온도로 올려놓으세요.

오븐은 베이킹을 시작하기 10분 전에 원하는 온도로 올려놓고 계량이나 제품 만들기를 시작합니다. 오븐이 적정한 온도로 올라가지 못한 상태에서 제품을 굽게 되면 버터가 녹아나와 식감이 변해 전혀 다른 제품으로 만들어지거나 모양이 변형되기 쉬워요.

틀에 까는 종이는 미리 재단한 후 바로 사용할 수 있도록 준비하세요.

파운드케이크 만들 때 사용하는 종이나, 타르트나 파이를 구울 때 사용하는 노루지는 항상 넉넉하게 재단해 놓고 바로바로 사용할 수 있게 준비해둡니다.

사용해야 하는 도구들은 미리 체크해서 꺼내놓고 시작하세요.

베이킹을 하는 중간에 도구를 찾으러 우왕좌왕 하다보면 시간이 길어짐은 물론 제품의 온도나 공정 타이밍을 놓치기 쉽습니다. 또한 정신없이 만들다 보면 중요한 부분을 놓칠 수 있으니 시작하기 전에 미리 도구를 체크하는 것이 좋아요.

가루재료는 미리 체 쳐서 준비하세요.

밀가루나 베이킹파우더, 각종 분말재료들은 미리 곱게 체 쳐서 준비하는 것이 좋아요. 가루 덩어리가 있으면 반죽할 때 잘 흩어지지 않아 고르게 반죽을 할 수 없고, 또 미리 체를 쳐 놓으면 가루재료 사이사이에 공기가 들어가 재료들끼리 더 잘 섞일 수 있답니다.

미리 만들어두면 유용한 것들

파트 슈크레

흔히 타르트지라고 부르는 파트 슈크레는 반죽을 넉넉히 만들어 냉동실에 얼려두면 좋아요. 물론 살짝 구워 얼려두어도 좋지요. 미리 준비해 둔 파트 슈크레에 여러 재료를 올려 한 번 더 구워보세요. 후다닥 베이킹이라고 믿기 힘들 정도로 멋진 타르트가 완성된답니다.

🥄 재료

버터 65g		**달걀** 20g	
슈가파우더 25g		**박력분** 120g	

🥄 미리 준비하기

모든 재료는 계량 후 실온에서 30분 정도 보관해 실온 상태가 되면 사용하세요.

오븐 180℃ 7~10분 굽고 다시 7~10분
사용기간 밀봉 후 실온보관 1일, 냉동보관 2주

How to make

❶ 볼에 실온의 버터를 풀고, 슈가파우더를 한 큰술씩 나눠 넣으며 원형주걱으로 섞어 크림화합니다.

❷ 달걀을 한 큰술씩 넣으며 원형주걱으로 섞습니다. 이때 버터에 달걀이 완전히 섞인 뒤 다음 달걀을 넣어 버터와 분리되지 않게 합니다.

❸ 체 친 박력분을 넣고 고무주걱으로 11자를 그리며 날가루가 없어질 때까지 섞습니다.

4 비닐 위에 반죽을 올리고 그 위에 다시 비닐을 덮어 밀대로 꾹꾹 누릅니다.

5 위에 올린 비닐을 빼고 반죽을 반으로 접은 후 다시 비닐을 덮어 밀대로 꾹꾹 누릅니다. 이 과정을 5~6번 정도 반복합니다.

6 반죽이 갈라지지도 않고 덩어리 진 것도 없이 매끈해지면 랩을 씌워 냉장실에서 하루 정도 숙성시킵니다.

7 숙성시킨 반죽은 랩을 씌운 상태에서 밀대로 돌려가며 눌러 전체적으로 풀어줍니다.

8 어느 정도 반죽이 넓어지면 랩을 벗겨 비닐을 위아래로 깔고 밀대로 밉니다. 이때 나무폴대를 대고 밀면 반죽을 균일한 두께로 밀 수 있습니다.

9 원하는 두께로 밀고 나면 아래쪽의 비닐을 떼어내고 타르트틀에 올립니다. 틀의 코너 부분이 뜨지 않게 손으로 꾹꾹 눌러 밀착시킵니다.

10 밀착시킨 반죽 위를 밀대로 밀어 여분의 반죽을 비닐과 함께 떼어냅니다.

11 손으로 코너 부분과 반죽 윗부분을 눌러 매끈하게 정리한 후, 포크로 구멍을 내고 냉장실에서 1시간 정도 휴지시킵니다. 이 과정에서 30분만 휴지시키고 냉동실에서 얼려도 좋습니다.

12

냉장실에서 1시간 정도 휴지시킨 파트 슈크레에 노루지를 깔고 타르트 돌을 올려 180℃ 오븐에서 7~10분간 굽습니다. 이후 타르트 돌을 빼고 애벌로 구울 경우는 5~7분간, 완전히 구울 경우는 7~10분간 굽습니다.

13

원하는 정도로 구운 반죽은 작은 볼을 이용해서 꺼내 식히면 완성입니다.

작은 파트 슈크레 만들기

TIP

• 밀대로 눌러서 반죽을 한 덩어리로 뭉치면 필요 없는 기공들이 없어지기 때문에 파트 슈크레의 식감이 좀 더 좋아져요.

• 비닐을 이용하면 반죽이 손에 묻지 않아 편리해요. 반죽을 다루는 게 익숙하신 분들은 하루 숙성한 반죽에 밀가루를 뿌려가며 만드셔도 상관없어요.

1

작은 틀을 이용할 경우, '틀 지름 + (높이×2)'로 계산을 해서 사이즈에 맞는 원형 쿠키 틀로 자릅니다.

2

도마나 비닐 위에 밀가루를 뿌리고 틀 안쪽에 반죽을 넣은 다음 코너부분을 손으로 눌러가며 뜨지 않게 밀착시킵니다.

3

윗면의 튀어나온 부분은 미니 스패출러나 칼 등을 이용해 자르고, 손으로 정리합니다.

4

바닥에 포크로 구멍을 낸 후, 냉장실에서 1시간 이상 숙성시켜 사용합니다. 이후의 과정은 위의 큰 반죽을 다루는 방법과 같습니다.

파트 브리제

사용기간 밀봉 후 실온보관 1일, 냉동보관 2주

결이 보이는 파삭한 파이와 키쉬를 만들 때 사용하는 반죽인 파트 브리제에요. 달콤한 재료를 바삭한 파이지와 함께 먹으면 맛은 물론 소리도 너무 즐겁답니다. 바삭한 파이지를 쉽고 간단하게 만들어 자주자주 즐겨보세요. 베이킹이 더 즐거워져요.

🥄 재료

■ 자두파이, 흑설탕 호두 파이, 에그 파이

버터 90g		설탕 5g	
박력분 105g		물 37g	
소금 2g			

■ 키쉬

버터 55g		소금 2g	
박력분 45g		설탕 5g	
강력분 65g		물 36g	

🥄 미리 준비하기

버터는 사방 2cm 두께로 잘라 모든 재료와 함께 차가운 상태로 준비하세요.
박력분(강력분)은 체 쳐서 준비하세요.

> **TIP**
> - 반죽할 때, 재료의 온도가 올라가지 않도록 틈틈이 반죽을 냉장실이나 냉동실에 넣었다 빼 차갑게 유지하며 섞어주세요.
> - 반죽을 비닐이나 랩에 싸서 다듬으면 손의 열이 덜 전달되고, 반죽이 손에 묻지 않아 작업성을 높일 수 있어요.
> - 밀대로 미는 것이 익숙지 않으신 분들은 반죽을 비닐사이에 넣어 미는 게 더 편해요. 비닐이 반죽을 잡고 있어서 잘 안 밀릴 때는 비닐을 한 번씩 떼었다가 붙이거나 밀가루를 비닐에 가볍게 뿌리면 잘 밀려요.

1. 볼에 물을 제외한 모든 재료를 담아 스크래퍼를 이용해서 골고루 섞습니다.

2. 스크래퍼로 버터를 팥알보다 작게 자릅니다.

3. 차가운 물을 2번에 나눠 넣으며 날가루가 없게 스크래퍼로 재빨리 섞습니다.

4. 차갑게 유지한 반죽을 비닐에 넣어 손으로 꾹꾹 누르며 한 덩어리로 뭉칩니다. 날가루가 안 보일 때까지 비닐 속에서 반죽을 접으며 뭉칩니다.

5. 날가루 덩어리나 갈라진 부분 없이 한 덩어리로 잘 뭉친 반죽은 비닐 그대로 냉장실에서 보관합니다. 오래 보관할 때는 랩으로 밀착해서 보관하는 것이 좋습니다.

6. 하루 정도 냉장 숙성한 반죽은 비닐 사이에 넣고 밀대로 밀어 원하는 두께나 크기로 맞춰 사용하면 됩니다.

푀이타주 라피드(with 3절 접기)

페이스트리 반죽을 만들 때 사용하는 방법으로 가장 빨리 만들 수 있다고 해서 라피드라는 이름이 붙여졌어요. 어렵게만 느껴지는 파이지만 한두 번 해보면 점점 자신감이 붙어 멋진 결이 있는 파이를 만들 수 있어요.

사용기간 밀봉 후 실온보관 1일, 냉동보관 2주

🥄 재료

■ **푀이테, 후람보아즈 파이, 립파이, 고구마 아몬드 파이, 밀푀유, 콩베르사시옹, 유자 갈레트 데 루아**

버터	90g	소금	2g
박력분	53g	물	48g
강력분	53g		

🥄 미리 준비하기

버터는 사방 2cm 두께로 잘라 모든 재료와 함께 차가운 상태로 준비하세요.
박력분과 강력분은 체 쳐서 준비하세요.

> **TIP**
> • 버터가 덩어리째 있는 반죽이라 밀대로 밀 때, 비닐을 이용하는 것이 좋아요. 바로 밀게 되면 버터가 도마에 묻고, 덧가루의 사용량이 많아져서 반죽의 상태가 달라지거든요. 비닐 때문에 잘 안 밀린다면 한 번씩 비닐을 떼었다 붙이면 돼요.
> • 3절 접기는 제품에 따라 반복의 횟수가 달라지지만 책에서는 2번씩 3번, 3절 접기 했어요. 3절 접기를 총 6번하면 됩니다.
> • 반죽은 틈틈이 냉장실에 넣어 끝까지 차가운 상태를 유지해 주세요.

1 볼에 물을 제외한 모든 재료를 담아 주걱으로 가볍게 섞습니다.

2 차가운 물을 넣고 주걱으로 물이 안보일 정도만 골고루 섞습니다. 날가루가 아주 많은 상태지만 상관없습니다.

반죽을 비닐에 담아 손으로 누르며 날가루가 없어지도록 섞습니다. 이때 반죽을 치대는 게 아니라 반으로 접어가며 위에서 아래로 꾹꾹 눌러줍니다.

날가루가 안보이고 반죽이 한 덩어리로 뭉쳐지면 직사각형으로 만들어 비닐로 꽁꽁 감싸 냉장실에서 1시간 정도 휴지시킵니다.

휴지시킨 반죽은 비닐에 싸여있는 상태 그대로 밀대를 이용해 꾹꾹 눌러 반죽을 풀어줍니다.

비닐을 풀고, 반죽의 위아래에 또 다른 비닐을 깔아 반죽을 직사각형으로 늘려줍니다.

3절 접기를 합니다. 직사각형 반죽을 3등분해 1/3을 접습니다.

나머지 부분을 접습니다. 이때 양쪽 끝 부분은 직각이 되게 하고, 만약 타원형이 되었을 경우 손으로 살짝 잡아 늘립니다.

반죽을 90°로 돌려서 다시 직사각형으로 밀고 3절 접기 해 냉장실에서 30분~1시간 이상 휴지시킵니다. 이 방법을 2번 더 반복합니다.
(2번 직사각형으로 밀어 1시간 휴지, 3번 반복)

큰 버터가 보이지 않고 반죽에 탄력이 생기면 완성입니다. 이때는 비닐 없이 소량의 덧가루로도 잘 밀어집니다.

크렘 다망드(아몬드 크림)

타르트를 만들 때 사용하는 기본적인 크림인 크렘 다망드는 고소하고 풍부한 맛을 더해 제품의 맛을 한껏 더 끌어올려주는 역할을 해요. 아몬드가루 대신 헤이즐넛가루를 사용해도 되고요. 초콜릿을 넣거나, 럼주나 리큐르를 사용해 다른 재료들과 어울리도록 조합해도 좋아요.

재료

버터 65g   **탈지분유** 6g
슈가파우더 80g   **아몬드가루** 120g
달걀 25g

분량 290g
사용기간 냉장보관 3일, 냉동보관 10일

미리 준비하기

모든 재료는 계량 후 실온에서 30분 정도 보관해 실온 상태가 되면 사용하세요.

TIP
크렘 다망드는 사용하기 하루 전에 미리 만들어 사용하세요. 숙성을 시키면 구웠을 때 너무 부풀어 오르지도 않고 맛도 더욱 풍부해진답니다.

How to make

① 볼에 실온의 버터를 풀고, 슈가파우더를 한 큰술씩 나눠 넣으며 원형주걱으로 섞어 크림화합니다.

② 달걀을 한 큰술씩 넣으며 원형주걱으로 잘 섞습니다. 버터에 달걀이 완전히 섞인 뒤 다음 달걀을 넣어 버터와 분리되지 않게 합니다.

③ 탈지분유를 넣고 고무주걱으로 가볍게 섞습니다. 탈지분유는 실온에 너무 오래 방치하면 주위의 수분을 흡수해서 덩어리가 생길 수 있으니 주의합니다.

④ 아몬드가루를 넣고 고무주걱으로 11자를 그리며 섞습니다.

⑤ 볼에 랩을 씌워 냉장실에서 하루 정도 숙성시키면 완성입니다. 사용을 할 때는 원하는 만큼씩 덜어 원형주걱으로 풀어준 후 사용합니다.

크렘 파티시에(커스터드 크림)

달콤하고 부드러운 크렘 파티시에는 제빵에서부터 제과까지 여러 형태로 사용되는 기본 크림이에요. 크렘 파티시에 단독으로 사용하기도 하지만 생크림이나 버터, 크렘 다망드 등 다양한 재료를 혼합해서 사용하기도 한답니다.

재료

우유 150g	**설탕** 75g
바닐라빈 1/2개	**콘스타치(옥수수전분)** 15g
달걀노른자 60g	**버터** 24g

분량 290~300g
사용기간 밀봉 후 냉장보관 1일

미리 준비하기

바닐라빈은 세로로 잘라 칼등으로 씨를 긁어내 준비하세요.
완성된 크림을 식힐 팬은 미리 소독해주세요.

How to make

냄비에 바닐라빈 껍질과 씨, 우유, 설탕 1/2을 넣고 가장자리가 살짝 끓어오를 정도로 끓입니다.

우유를 끓이는 동안 다른 볼에 달걀노른자와 남은 설탕 1/2을 넣고 색이 옅어질 때까지 거품기로 섞습니다.

어느 정도 색이 옅어지면 콘스타치를 넣고 거품기로 가볍게 섞습니다.

끓인 우유를 조금씩 넣으며 거품기로 섞습니다. 이때 달걀이 익지 않도록 주의합니다.

⑤ 우유를 다 섞고 나면 체에 걸러 알끈과 바닐라
빈 껍질을 제거합니다.

⑥ 냄비를 강불에 올리고 고무주걱으로 바닥을 긁
으며 살살 저어줍니다. 처음에는 수분이 많아
바닥에 눌어붙어 탈 수 있으니 바닥 전체를 긁
듯이 골고루 젓습니다.

⑦ 수분이 날아가 바닥에 덩어리가 생기고 몽글몽
글해지기 시작하면, 속도를 내서 바닥을 긁고
치대듯이 섞습니다.

⑧ 크림이 매끈해지고 윤기가 나며 질척해질 때까
지 저어줍니다. 젓는 것을 멈췄을 때 2~3군데
에서 기포가 올라오면 됩니다.

⑨ 불에서 내리자마자 버터를 넣고 버터의 수분이
없어질 때까지 매끈하게 섞으면 완성입니다.

⑩ 소독한 팬에 완성된 크림을 올리고 랩으로 밀착
시킨 후 최대한 빨리 식힙니다. 필요에 따라 냉
장실이나 냉동실에서 식혀도 되지만 냉동실에
서는 얼지 않게 주의합니다.

TIP
• 우유와 달걀을 섞을 때는 너무 많은 양의 우
유를 한꺼번에 넣거나 뜨거운 우유를 넣고
방치하면 노른자가 익을 수 있으니 우유를
넣으면서 거품기로 꼭 저어주세요.
• 크림의 수분을 날리는 과정에서 냄비 바닥
의 두께와 가스불이냐 인덕션이냐에 따라 강
불의 세기가 달라지니 타지 않게 조절하면서
저어주세요.

⑪ 사용할 때는 볼에 식힌 크림을 넣고 거품기로
덩어리를 풉니다. 윤기가 나고 매끈하며 질척해
지면 사용합니다.

크렘 디플로마트

제과의 대표적인 크림인 크렘 디플로마트는 크렘 파티시에(커스터드크림)와 크렘 푸에테(휘핑한 생크림)를 섞은 크림을 말합니다. 구움과자의 슈나 파이가 아니더라도 쓰임새가 많은 크림이니 이번 기회에 꼭 알아두세요.

분량 400g
사용기간 사용하기 직전

재료

크렘 파티시에(30p) 1배합
생크림 100g

TIP
• 식은 크렘 파티시에를 풀 때, 계속 덩어리가 남아 있다면 잘못 만든 거예요. 이럴 때는 고운체에 한번 걸러서 사용하면 돼요.
• 완성된 크렘 디플로마트가 단단하지 않고 주르륵 떨어지면, 생크림의 휘핑이 단단하지 않았거나 섞을 때 거품이 죽었기 때문이에요. 생크림은 꼭 100%로 휘핑하고 거품이 죽지 않도록 퍼 올리듯 섞어주세요.

How to make

1 크렘 파티시에는 미리 만들어 냉장실에서 식혀 두었다가 식으면 볼에 담아 거품기를 이용해서 윤기가 나고 매끈해질 때까지 저어줍니다.

2 분량의 생크림은 단단한 생크림이 되도록 100%로 휘핑합니다.

3 풀어놓은 크렘 파티시에에 휘핑한 생크림 1/3을 넣고 거품기로 아래에서 위로 퍼 올리듯 섞습니다. 생크림이 죽지 않도록 주의하면서 섞습니다.

4 크렘 파티시에와 생크림 1/3이 마블 상태 정도로 섞이면 고무주걱으로 바꿔 나머지 생크림과 섞습니다. 마찬가지로 아래에서 위로 반죽을 퍼 올리듯 섞습니다.

5 힘이 있고 쫀득해. 주걱으로 뜨거나 볼 안의 크림을 저어도 움직이지 않을 정도로 단단해지면 완성입니다. 완성된 크렘 디플로마트는 짤주머니에 넣어서 사용하면 됩니다.

사용기간 밀봉 후 냉동보관 2주

소보로

소보로 만큼 유용하고 다양하게 쓰이는 재료도 없을 것 같아요. 만드는 방법도 간단하고, 한번 만들어 두면 오래 보관할 수 있고, 어디에 올려 구워도 이질감 없이 더 맛있게 해주니까요. 되기만 맞춘다면 취향에 맞게 시나몬가루나 땅콩버터를 넣어서 만들어도 좋아요.

재료

강력분 45g   **아몬드파우더** 60g

박력분 45g   **버터** 60g

설탕 60g

미리 준비하기

버터는 깍둑썰기해서 실온에 두었다가 사용하세요.
강력분과 박력분은 체 쳐서 준비하세요.

1 넓은 볼에 모든 재료를 넣습니다.

2 손으로 버터를 눌러 비비며 골고루 섞습니다.

3 버터의 큰 덩어리가 없고 전체적으로 보슬보슬하게 골고루 섞이면 완성입니다.

TIP 취향에 따라 조금씩 뭉쳐 큰 덩어리를 만들어서 사용해도 좋습니다.

분량 500g
보관방법 직사광선을 피해 보관

바닐라 익스트랙트

저는 바닐라 익스트랙트를 항상 직접 만들어서 사용하는데요. 밀가루의 잡냄새나 달걀의 비린내를 잡아주기 때문에 베이킹에서 없어서는 안 되는 재료랍니다. 따로 과정사진이 없더라도 제가 만든 모든 제품에는 바닐라 익스트랙트가 한두 방울씩 들어간다고 보시면 돼요. 시간이 되신다면, 럼주나 보드카를 이용해서 꼭 만들어보세요.

재료

바닐라빈 5개
럼주 or 보드카 500g

사용방법

• 만든 지 2주 후부터 사용할 수 있지만 오래되면 오래될수록 향이 더 짙어져요. 때문에 처음 만들 때, 2병을 만들어서 한 병은 2주 후부터 사용하고 나머지 한 병은 계속 숙성시켜 주세요.
• 40°의 독한 술을 사용하기 때문에 사용기간은 따로 정해져 있지 않지만 되도록 시원한 그늘에서 보관해주는 것이 좋아요.
• 베이킹할 때 모든 품목에 2~3방울씩 꼭 넣어서 사용하세요.

How to make

① 깨끗한 병에 럼주 혹은 보드카를 담습니다. 독한 술이 들어가니 소독까지 할 필요는 없고, 술병에 그대로 담아 만들어도 됩니다.

② 바닐라빈의 양쪽 꼭지를 잘라서 버리고, 반으로 갈라 칼등으로 바닐라빈의 씨를 긁어냅니다.

③ 술이 담긴 병에 바닐라빈 껍질과 씨를 넣어 2주간 숙성시키면 완성입니다. 중간에 한 번씩 병을 흔들어주는 것이 좋습니다.

캐러멜소스

구움과자에서 제품의 풍미를 살리거나 캐러멜 맛을 낼 때 사용하는 캐러멜소스는 다량의 설탕으로 만들었기 때문에 오랫동안 보관하기 좋은 재료예요. 유통기한이 다다른 생크림을 이용해서 그때그때 만들어두면 커피를 마시거나 베이킹할 때 아주 유용하게 쓰인답니다.

분량 170~180g
사용기간 냉장보관 1개월

🥄 재료

생크림 100g
설탕 100g

> **TIP**
> • 설탕을 녹일 때, 너무 힘차게 저어 설탕이 결정화되지 않도록 주의해주세요. 설탕이 녹은 부분만 살살 저으며 점점 범위를 넓혀 가는 것이 좋아요.
> • 적당히 색이 나지 않으면 캐러멜의 풍미가 없고 너무 태우면 탄맛이 날 수 있어요. 불이 너무 셀 경우 냄비 바닥의 잔열로도 색이 진하게 날 수 있으니 주의하세요.

1 생크림을 전자레인지나 강불로 뜨겁게 데워 준비합니다. 많은 양을 데울 때는 한두 번씩 저어 생크림 윗면에 막이 생기지 않도록 합니다.

2 다른 냄비에 설탕을 넣어 강불에 올립니다. 한두 군데씩 설탕이 녹아 뽀글뽀글 갈색 빛이 올라오면 녹은 부분부터 나무주걱으로 살살 저으며 녹입니다.

3 설탕이 다 녹으면 색을 유심히 보면서 어두운 갈색이나 고동색이 될 때까지 태웁니다. 거품이 계속해서 올라와 바닥의 캐러멜색이 잘 안보이니 주걱으로 저으며 태워주세요.

4 원하는 색이 나오면 냄비를 불에서 내리고 뜨거운 생크림을 조금씩 넣습니다. 이때 생크림과 녹인 설탕의 온도차가 클 경우 거품이 많이 생기니 꼭 생크림을 뜨겁게 데운 상태에서 넣습니다.

5 냄비를 다시 강불에 올려 바닥에 눌어붙은 설탕을 녹이고 천천히 조려 걸쭉하게 만들면 완성입니다. 너무 조려서 단단해지면 제품에 넣어 만들 때 잘 섞이지 않으니 주의합니다.

무화과 와인 절임 & 건과일 절임

한번 만들어두면 오랫동안 사용할 수 있는 무화과 와인 절임과 건과일 절임입니다. 미리 만들어 숙성시켜 사용하면 과일의 풍미를 더욱 살릴 수 있어요. 술이 들어가는 절임이니 따로 바닐라 익스트랙트나 술을 넣지 않아도 좋답니다.

사용기간 밀봉 후 냉장보관 6개월

재료

무화과 와인 절임	건과일 절임
반건조 무화과 300g	건과일 400g
레드와인 200g	물 200g
물 120g	설탕 130g
설탕 80g	쿠앵트로(혹은 화이트럼) 90g

How to make

무화과 와인 절임

1 반건조 무화과는 딱딱한 꼭지부분을 잘라서 준비합니다.

2 냄비에 분량 외의 물을 넣고 끓이다가 꼭지를 제거한 반건조 무화과를 넣어 살짝 데칩니다.

3 데친 무화과는 체에 걸러 지저분한 이물질들을 제거합니다.

4 냄비에 레드와인, 물, 설탕을 넣고 끓인 후 데친 반건조 무화과를 넣고 가볍게 끓입니다. 밀폐용기에 넣어 1주일에서 열흘 정도 숙성시킨 후 사용하면 완성입니다.

- 무화과 와인 절임과 건과일 절임을 오랫동안 사용하려면 시럽의 당도를 높이거나 독한 술을 사용해서 절여야 해요. 간혹 독한 술을 사용했을 때, 술이 과일에 스며 들어 뜨거운 오븐의 열로도 제거되지 않는 경우가 있어요. 때문에 설탕시럽과 술을 적절히 사용해야 맛과 풍미를 살릴 수 있답니다.
- 한 번 만들어두면 기본적으로 6개월 정도 사용할 수 있지만, 밀폐용기에 담아 한 번 열고 닫을 때마다 알코올을 이용해서 소독하고, 사용하는 숟가락도 소독하면 잡균을 방지해 몇 년이고 사용할 수 있어요.

How to make

건과일 절임

1 원하는 건과일을 준비해서 계량해둡니다.

2 냄비에 분량 외의 물을 넣고 끓이다가 건과일을 넣어 살짝 데칩니다.

3 데친 건과일은 체에 걸러 지저분한 이물질들을 제거합니다.

4 냄비에 설탕과 물을 넣고 끓인 후 데친 건과일을 넣고 가볍게 끓입니다.

5 한 김 식은 건과일 절임에 쿠앵트로(혹은 화이트럼)를 넣고 가볍게 섞으면 완성입니다. 밀폐용기에 넣어 보관하면 됩니다.

Part 1

쿠키

Cookie

콩가루 부르드네즈

볶은 콩가루의 고소한 맛이 살아있는 콩가루 부르드네즈랍니다. 달걀이 들어가지 않아 파삭파삭한 식감을 느낄 수 있는 고소하면서도 달콤한 쿠키에요. 자꾸만 손이 가서 곁에 두면 안 될 것 같아요.

분량	오븐	맛있게 먹는 기간	보관방법
3cm	180℃	구운 날부터	밀봉
20개	10~12분	7일	상온

재료

버터 55g
슈가파우더A 25g
소금 0.2g

박력분 55g
아몬드파우더 18g

볶은 콩가루 10g
슈가파우더B 10g

미리 준비하기

모든 재료는 계량 후 실온에서 30분 정도 보관해 실온 상태가 되면 사용하세요.
박력분과 아몬드파우더는 체 쳐서 준비하세요.

볼에 실온의 버터를 풀고, 슈가파우더A를 한 큰술씩 나눠 넣으며 원형주걱으로 섞어 크림화합니다. 이때 소금도 함께 넣습니다.

체 친 박력분과 아몬드파우더를 한 번에 넣고 고무주걱으로 11자를 그리며 섞습니다.

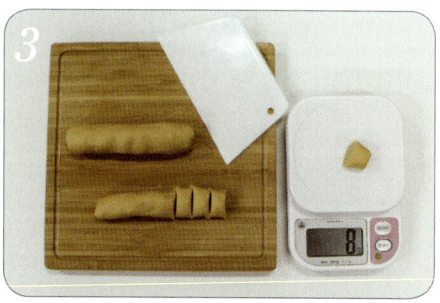

반죽에 날가루가 안 보이면 한 덩어리로 뭉쳐서 8g씩 분할합니다.

자른 반죽을 동그랗게 만들어 팬에 올린 후 180℃ 오븐에서 10~12분간 굽습니다.

체 친 볶은 콩가루와 슈가파우더B를 볼에 넣어 섞고, 온기가 남아있는 쿠키를 넣어 버무립니다.

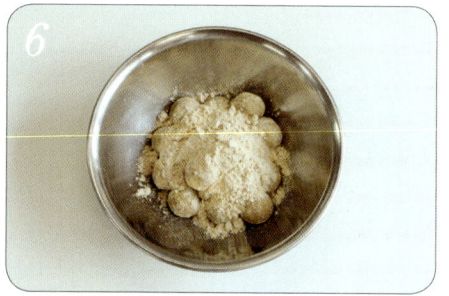

쿠키가 완전히 식으면 볶은 콩가루와 슈가파우더를 한 번 더 뿌려 가볍게 섞으면 완성입니다.

오렌지코코 비스코티

유지를 전혀 사용하지 않고 만든 비스코티에요. 그래서 무척이나 담백하면서 깔끔해 자꾸 손이 가는 쿠키
랍니다. 여기에 오렌지제스트로 상큼함을 더해서 더욱 기분 좋게 드실 수 있을 거예요.

분량	오븐	맛있게 먹는 기간	보관방법
7cm	160℃ 20분 굽고	구운 다음날부터	밀봉
25개	다시 12~15분	10일	상온

재료

박력분 100g　　소금 1g　　　　　달걀 55g
설탕 80g　　　　코코넛가루 35g　　오렌지제스트 8g
베이킹파우더 1g　아몬드가루 25g

**미리
준비하기**

모든 재료는 계량 후 실온에서 30분 정도 보관해 실온 상태가 되면 사용하세요.
오렌지는 깨끗이 씻은 후 껍질만 갈아서 준비하세요.

볼에 체 친 박력분과 설탕, 베이킹파우더, 소금, 코코넛가루, 아몬드가루를 넣고 거품기를 이용해 골고루 섞습니다.

달걀을 넣고 주걱으로 날가루가 안 보일 때까지 섞습니다.

오렌지제스트를 넣고 섞습니다.

반죽을 너비 6cm, 두께 2cm 정도의 바 형태로 뭉친 후 160℃ 오븐에서 20분간 굽고 식힙니다.

비스코티가 식으면 5~7mm 두께로 자릅니다.

자른 비스코티를 다시 팬에 올린 후 160℃ 오븐에서 12~15분간 구우면 완성입니다.

머랭 쿠키

여러 가지 색소를 이용해 화려하게 만드는 머랭 쿠키는 만들기도 쉽고, 모양도 다양하게 바꿀 수 있어 선물용으로 참 좋은 쿠키에요. 여러 색으로, 여러 모양의 머랭 쿠키를 만들어보세요.

분량	오븐	맛있게 먹는 기간	보관방법
3cm	80℃	구운 날부터	밀봉
34~36개	2시간	3일	상온

재료

달걀흰자 50g 슈가파우더 50g
설탕 50g 원하는 색의 식용색소 소량

TIP

쿠키의 색상을 바꾸고 싶다면 맨 처음 믹싱하는 중간에 원하는 색의 식용색소를 넣으면 돼요.
오븐의 온도가 너무 높으면 쿠키가 터지거나 누런색이 되니 주의하세요.

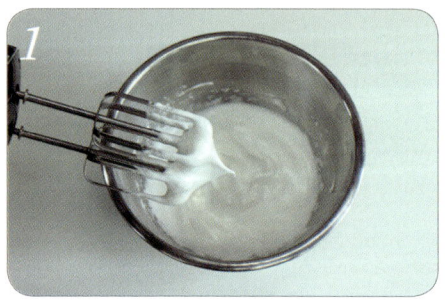

볼에 달걀흰자를 넣어 믹싱기로 가볍게 풀고, 설탕
을 3번에 나눠 넣으며 뾰족한 뿔이 서는 단단한 머
랭을 만듭니다.

머랭에 체 친 슈가파우더를 넣고, 고무주걱으로 덩
어리 없이 매끈하게 섞습니다.

별깍지를 끼운 짤주머니 안쪽에 붓으로 색소를 조
금 바르고 머랭 반죽을 넣습니다.

모양을 내서 팬에 짠 후 80℃ 오븐에서 2시간 정도
말리듯이 구우면 완성입니다.

크랜베리 초코칩 쿠키

일반적인 초코칩 쿠키에 맛있는 건크랜베리를 넣었어요. 달콤함 뒤에 퍼지는 상큼한 크랜베리 향이 무척이나 좋아요.

분량	오븐	맛있게 먹는 기간	보관방법
7cm 13~14개	180℃ 4분 굽고 다시 5~7분	구운 날부터 7일	밀봉 상온

재료

버터 100g　　　　달걀 45g　　　　　　건크랜베리 50g
설탕 80g　　　　　박력분 150g　　　　화이트럼 10g
무스코바도 설탕 50g　베이킹파우더 3g　　초코칩 75g

미리 준비하기

건크랜베리는 화이트럼에 넣어 1시간에서 하루 정도 절여주세요.
모든 재료는 계량 후 실온에서 30분 정도 보관해 실온 상태가 되면 사용하세요.
박력분과 베이킹파우더는 체 쳐서 준비하세요.

TIP

좀 더 바삭한 쿠키를 드시고 싶으면 2~3분 정도 더 구워도 돼요.

화이트럼에 넣어 절인 크랜베리를 키친타월에 올려 물기를 제거해 준비합니다.

볼에 버터를 부드럽게 풀고, 설탕과 무스코바도 설탕을 한 큰술씩 넣으며 원형주걱으로 섞어 크림화합니다.

달걀을 한 큰술씩 넣어가며 원형주걱으로 섞습니다. 이때 버터에 달걀이 완전히 섞인 뒤 다음 달걀을 넣어 버터와 분리되지 않게 합니다.

체 친 박력분과 베이킹파우더를 넣고 고무주걱으로 11자를 그리며 섞습니다.

날가루가 안 보이면, 초코칩과 물기를 제거한 크랜베리를 넣고 골고루 섞습니다.

아이스크림 스쿱으로 반죽을 떠서 팬에 올린 후 손으로 살짝 누르고, 180℃ 오븐에서 4분간 굽습니다.

7

오븐에서 팬을 꺼내 숟가락으로 쿠키의 윗면을 눌러 크랙을 만든 후 다시 오븐에 넣어서 5~7분간 더 구우면 완성입니다.

시나몬 바 쿠키

먹기 편한 막대형으로 만든 시나몬 바 쿠키에요. 아이들도 부담 없이 먹을 수 있도록 부드러운 쿠키 배합
으로 만들었어요. 하나씩 들고 먹는 재미가 쏠쏠하답니다.

분량	오븐	맛있게 먹는 기간	보관방법
18cm×18cm 가나슈틀 1개	180℃ 12~15분	구운 다음날부터 7일	밀봉 상온

재료

버터 72g	달걀노른자 24g	박력분 112g
슈가파우더 54g	시나몬가루 4g	

미리 준비하기

모든 재료는 계량 후 실온에서 30분 정도 보관해 실온 상태가 되면 사용하세요.
박력분과 시나몬가루는 체 쳐서 준비하세요.

볼에 버터를 넣어 풀고, 슈가파우더를 한 큰술씩 넣으며 원형주걱으로 크림화합니다.

달걀노른자를 한 큰술씩 나눠 넣으며 원형주걱으로 섞습니다.

체 친 시나몬가루와 박력분을 넣고, 고무주걱으로 11자를 그리며 섞습니다.

반죽이 한 덩어리가 되면 사각 가나슈틀에 넣고 평평하게 만듭니다.

틀째로 냉장실이나 냉동실에 넣어 단단하게 굳힌 후, 가로로 반을 자르고 세로로 1cm 두께로 길게 자릅니다.

자른 반죽을 팬에 올린 후 젓가락으로 구멍을 냅니다.

구멍 낸 반죽을 180℃ 오븐에서 12~15분간 구우면
완성입니다.

초코 샌드 쿠키

초콜릿 러버들이 환호할 만한 초코 샌드 쿠키에요. 초코 쿠키 사이에 부드러운 초콜릿을 넣어 남녀노소 가릴 분이 없으실 거예요. 게다가 모양까지도 한몫 단단히 하는 쿠키랍니다.

분량	오븐	맛있게 먹는 기간	보관방법
5.5cm	180℃	구운 날부터	밀봉
8개	10~12분	5일	실온(여름엔 냉장)

재료

버터 30g
슈가파우더 25g
달걀노른자 10g

박력분 50g
코코아가루 5g

초코크림
다크커버춰초콜릿 40g
생크림 12g
버터 30g

미리 준비하기

모든 재료는 계량 후 실온에서 30분 정도 보관해 실온 상태가 되면 사용하세요.
박력분과 코코아가루는 체 쳐서 준비하세요.

TIP

시루밑은 떡을 찔 때 사용하는 거예요. 이 시루밑에 쿠키 반죽을 올려 구우면 모양이 아주 예쁘게 나온답니다.

볼에 실온의 말랑한 버터를 넣고, 슈가파우더를 한 큰술씩 넣으며 원형주걱으로 섞어 크림화합니다.

달걀노른자를 한 번에 넣고, 원형주걱으로 달걀이 안 보일 때까지 섞습니다.

체 친 박력분과 코코아파우더를 넣고 고무주걱으로 11자를 그리며 섞습니다.

반죽을 한 덩어리로 뭉친 후 2mm 두께로 밀고 냉동실에서 단단히 굳혀, 5.5cm 원형쿠키틀로 찍습니다.

성형한 반죽을 시루밑에 올린 후 180℃ 오븐에서 10~12분간 굽습니다.

초코크림을 만듭니다. 냄비에 다크커버춰초콜릿과 생크림을 넣고, 살짝 데워 녹인 후 식힙니다.

실온의 말랑한 버터를 넣어 잘 섞어 마무리합니다.

식은 쿠키의 짝을 맞추고, 한 쪽에 초코크림을 짜서 샌드하면 완성입니다.

카레 파이 쿠키

어른들의 쿠키라고 할 수 있는 카레 파이 쿠키에요. 은은하게 퍼지는 카레 향에 달지 않고 짭조름한 맛이 맥주를 부르는 쿠키랍니다. 취향에 따라 치즈를 넣으면 더욱더 취향저격일 듯해요.

분량	오븐	맛있게 먹는 기간	보관방법
3cm×4cm	190℃	구운 날부터	밀봉
56~58개	15~20분	7일	상온

재료

카레가루 8g
소금 4g
물 35~40g
박력분 160g

버터 100g
설탕 22g
다진 블랙올리브 60g
핑크페퍼 2g

아몬드가루 100g
아몬드슬라이스 50g

미리 준비하기

모든 재료는 냉장고에 1시간 정도 넣어 보관 후 사용하세요.
블랙올리브는 푸드 프로세서나 칼을 이용해 잘게 다진 뒤 냉장실에 넣어 차갑게 보관하세요.

TIP

반죽을 할 때, 블랙올리브의 상태에 따라 수분율이 달라질 수 있으니 물을 5g 정도 남기고 반죽 상태를 보면서 물을 추가하세요.
반죽의 두께나 오븐의 열세기에 따라 굽는 속도가 다르니 먼저 구워진 쿠키들은 구워지는 대로 꺼내세요.

카레가루와 소금을 물에 녹인 뒤 냉장실에 넣어 차갑게 만듭니다.

볼에 체 친 박력분을 넣고 설탕과 깍둑썰기한 버터를 넣어 냉장실에서 차갑게 보관한 후, 스크래퍼를 이용해 버터를 팥알보다 작게 자르며 섞습니다.

차갑게 보관한 블랙올리브, 핑크페퍼, 아몬드가루, 아몬드슬라이스를 넣고 스크래퍼로 섞습니다.

골고루 섞이면 미리 준비한 카레 물을 2~3번에 나눠 넣으며 스크래퍼로 자르듯이 섞습니다.

재료가 소보로처럼 골고루 섞이고, 한 손으로 반죽을 꼭 쥐었을 때 풀어지지 않고 매끈하게 뭉치면 반죽을 마무리합니다.

뭉친 덩어리 반죽을 20cm×8cm 무스틀에 넣습니다. 바닥에 한 번 깔고 손으로 꼭꼭 눌러 평평하게 한 후, 그 위에 뭉친 덩어리 반죽을 올립니다.

덩어리 반죽을 평평하게 만들고 랩을 씌워 하루 동안 냉장실에서 숙성시킨 후 스크래퍼를 이용해 틀 안쪽을 긁어 반죽을 빼냅니다.

가로로 한 번 자르고, 세로로 7mm 두께로 자릅니다.

자른 반죽을 팬에 올려 분량 외의 소금을 뿌리고, 190℃ 오븐에서 15~20분간 구우면 완성입니다.

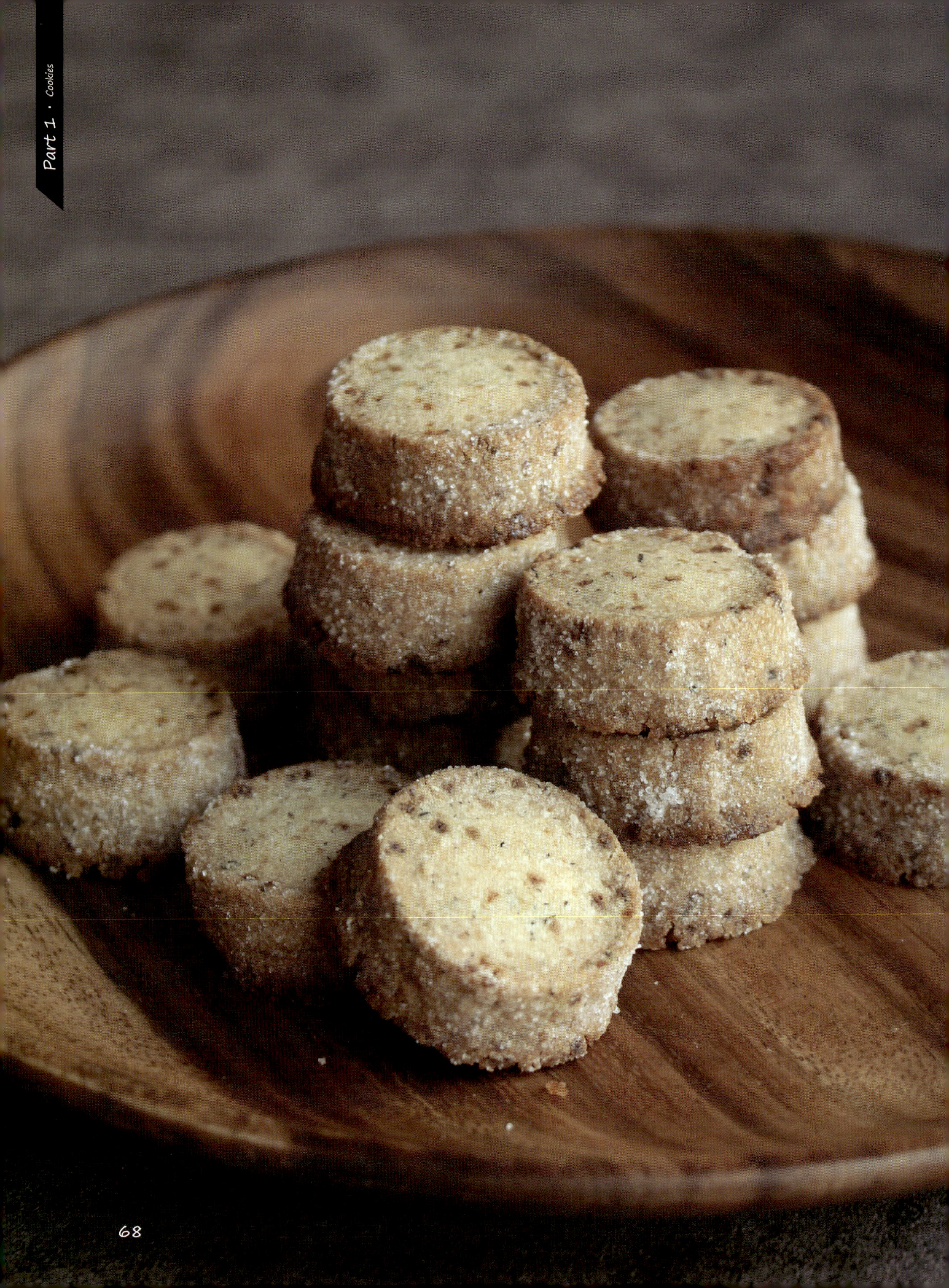

Home Bakery

레몬 얼그레이 사블레

두 가지 향이 은은하게 퍼지는 이 쿠키는 레몬과 얼그레이를 이용해서 만들었어요. 레몬과 얼그레이는 궁합이 참 잘 맞아 함께 먹으면 너무 좋아요. 취향에 따라 레몬향이 좋으면 레몬을, 얼그레이향이 좋으면 얼그레이를 더 추가해서 만들어 보세요.

분량	오븐	맛있게 먹는 기간	보관방법
3cm	180℃	구운 날부터	상온
15~17개	13~15분	7일	

재료

버터 56g	달걀 15g	얼그레이가루 0.8g
슈가파우더 60g	코코넛가루 9g	박력분 80g
소금 0.5g	레몬제스트 8g	토핑용 설탕 적당량

미리 준비하기

모든 재료는 계량 후 실온에서 30분 정도 보관해 실온 상태가 되면 사용하세요.
레몬은 깨끗이 씻은 후 노란 껍질만 갈아 준비하세요.
박력분은 체 쳐서 준비하세요.

볼에 실온의 버터를 풀고 슈가파우더를 한 큰술씩 넣으며 원형주걱으로 크림화합니다. 이때 소금도 함께 넣습니다.

달걀을 한 큰술씩 넣으며 원형주걱으로 달걀이 안 보이도록 섞습니다.

코코넛가루를 넣고 고무주걱으로 섞습니다.

미리 준비한 레몬제스트와 얼그레이가루를 넣고 고무주걱으로 섞습니다.

체 친 박력분을 넣고 고무주걱으로 11자를 그리면서 섞습니다.

반죽을 한 덩어리로 뭉쳐 지름 3cm의 원통형으로 만든 후 냉장실에서 굳힙니다.

＊시간이 없다면 냉동실에서 굳혀도 좋습니다. 단 너무 딱딱하게 굳히면 자르기 어려울 수 있으니 주의합니다.

7

굳은 반죽은 1.5cm 간격으로 잘라 토핑용 설탕을 묻힙니다.

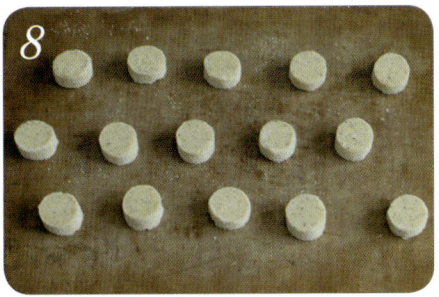

8

성형한 반죽을 팬에 올린 후 180℃ 오븐에서 13~15분간 구우면 완성입니다.

바닐라 사블레

직접 만든 바닐라설탕을 이용한 바닐라 사블레입니다. 진하지 않은 바닐라향이 입안에서 퍼질 때마다 마음이 편안해져요. 진한 바닐라향을 느끼고 싶다면 바닐라설탕을 만들 때 바닐라빈의 배합을 늘려보세요.

분량	오븐	맛있게 먹는 기간	보관방법
3cm 17~18개	180℃ 12~15분	구운 날부터 7일	밀봉 상온

재료

버터 84g
바닐라설탕 32g

설탕 14g
달걀노른자 12g

박력분 115g
토핑용 설탕 적당량

미리 준비하기

모든 재료는 계량 후 실온에서 30분 정도 보관해 실온 상태가 되면 사용하세요.
박력분은 체 쳐서 준비하세요.

TIP

바닐라설탕을 만드는 방법은 어렵지 않아요. 바닐라빈 껍질 5g과 설탕 50g을 믹서기에 넣고 곱게 갈면 완성이랍니다.

볼에 버터를 넣어 잘 풀고, 바닐라설탕과 설탕을 한 큰술씩 넣어 섞으며 버터가 처음보다 뽀얗고 가벼워질 때까지 원형주걱으로 크림화합니다.

달걀노른자를 한 큰술씩 넣으며 원형주걱으로 노른자가 안 보일 때까지 섞습니다.

체 친 박력분을 넣고 고무주걱으로 11자를 그리며 섞습니다.

날가루가 안 보일 때까지 섞고, 한 덩어리로 뭉칩니다.

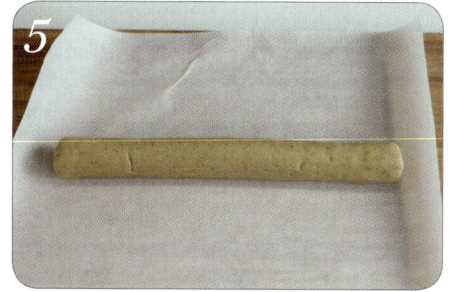

뭉친 반죽을 종이호일에 올려 지름 3cm 정도의 원통형으로 만듭니다.

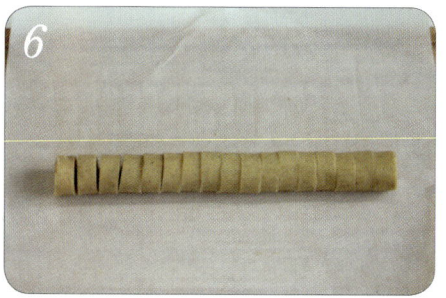

냉장실에 30분~1시간 정도 넣어 단단하게 굳힌 후 1.5cm 두께로 자릅니다.

＊시간이 없다면 냉동실에서 굳혀도 좋습니다. 단 너무 딱딱하게 굳히면 자르기 어려울 수 있으니 주의합니다.

7

자른 반죽에 토핑용 설탕을 묻힙니다.

8

성형한 반죽을 팬에 올린 후 180℃ 오븐에서
12~15분간 구우면 완성입니다.

갈레트

버터의 향을 진하게 느낄 수 있는 쿠키인 갈레트에 다크럼을 넣어 풍미를 살려보세요. 다크럼이 아닌 골
드럼이나 위스키를 넣어 구워도 아주 좋아요. 술에 따라 다른 풍미를 즐길 수 있답니다.

분량	오븐	맛있게 먹는 기간	보관방법
5.5cm 8~9개	165℃ 20~25분	구운 날부터 4~5일	밀봉 상온

재료

버터 100g	달걀노른자 20g	박력분 115g
슈가파우더 60g	탈지분유 8g	아몬드가루 18g
소금 2g	다크럼 20g	베이킹파우더 0.5g
		달걀물 적당량

미리 준비하기

모든 재료는 계량 후 실온에서 30분 정도 보관해 실온 상태가 되면 사용하세요.
달걀노른자와 우유를 1:1로 섞어 달걀물을 만들어 주세요.
박력분과 아몬드가루, 베이킹파우더는 체 쳐서 준비하세요.

볼에 실온의 버터를 넣어 부드럽게 풀고, 슈가파우더를 한 큰술씩 넣으며 원형주걱으로 크림화합니다. 이때 소금도 함께 넣습니다.

달걀노른자를 한 큰술씩 넣으며 원형주걱으로 섞습니다.

분량의 탈지분유를 넣어 섞습니다.

다크럼을 한 티스푼씩 넣으며 고무주걱으로 매끈하게 섞습니다.

체 친 박력분과 아몬드가루, 베이킹파우더를 넣고 고무주걱으로 11자를 그리며 섞습니다.

가루가 완전히 섞이면 고무주걱의 넓은 면으로 치대듯이 긁어 섞습니다.

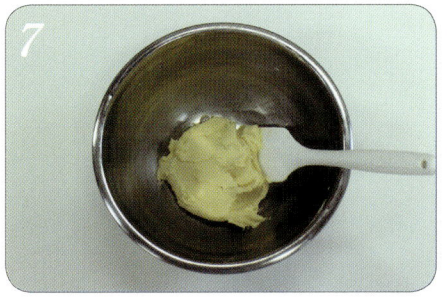

반죽 안의 밀가루 덩어리들이 없어지고, 매끈해지면 한 덩어리로 대충 뭉쳐 냉장실에서 굳힙니다.

반죽이 적당히 굳으면 1cm 각봉을 이용해 밀대로 밀고, 다시 냉장실이나 냉동실에 넣어 굳힙니다.

굳은 반죽을 5.5cm 원형틀로 찍어줍니다. 남은 반죽은 다시 뭉쳐 동일한 방법으로 사용합니다.

매끈한 면이 위로가게 해 갈레트틀에 넣은 후 미리 준비한 달걀물을 2번 바릅니다.

반죽 윗면에 포크나 칼등으로 모양을 냅니다.

165℃ 오븐에서 20~25분간 구우면 완성입니다.

캐러멜 프랄린 다쿠아즈

머랭 쿠키 중 하나인 다쿠아즈는 안에 들어가는 필링에 따라 여러 가지 맛을 낼 수 있는 기특한 구움과자랍니다. 버터크림을 기본으로 여러 필링을 넣어 만들어보세요. 다양한 맛의 다쿠아즈를 즐기실 수 있을 거예요.

분량	오븐	맛있게 먹는 기간	보관방법
7개	180℃ 13~15분	구운 다음날부터 2일	밀봉 상온

재료

다쿠아즈
달걀흰자 60g
설탕 32g
아몬드가루 30g
슈가파우더 23g
박력분 7g
토핑용 슈가파우더 적당량

캐러멜 프랄린 크림
크렘 오뵈르 전량
프랄린 35g
캐러멜소스(35p) 35g

크렘 오뵈르(버터크림)
버터 65g
우유 24g
바닐라빈 1/4개
달걀노른자 20g
설탕 20g

미리 준비하기

달걀흰자는 냉장고에 넣어 차가운 상태로 사용하세요.
달걀흰자를 제외한 모든 재료는 계량 후 실온에서 30분 정도 보관해 실온 상태가 되면 사용하세요.
아몬드가루와 슈가파우더, 박력분은 체 쳐서 준비하세요.

볼에 차가운 상태의 달걀흰자를 넣어 믹싱기로 가볍게 풀고, 설탕을 2번에 나눠 넣으며 힘있는 뿔이 생기는 머랭을 만듭니다.

체 친 아몬드가루와 슈가파우더, 박력분을 넣고, 고무주걱으로 아래에서 위로 퍼 올리듯 섞습니다. 날가루가 안 보일 정도만 섞으면 됩니다.

지름 1cm 원형깍지를 끼운 짤주머니에 반죽을 담습니다.

테프론시트지 위에 다쿠아즈틀을 올리고 반죽을 균일하게 짭니다.

스패츌러를 이용해 틀 윗면의 반죽을 긁어 평평하게 만든 후 다쿠아즈틀을 제거합니다.

토핑용 슈가파우더를 듬뿍 뿌리고, 3분 정도 후에 한 번 더 가볍게 뿌립니다. 그리고 180℃ 오븐에서 13~15분간 구워 식힙니다.

캐러멜 프랄린 크림을 만듭니다. 먼저 크렘 오뵈르를 만들기 위해 볼에 실온의 버터를 담고 주걱으로 부드럽게 풉니다.

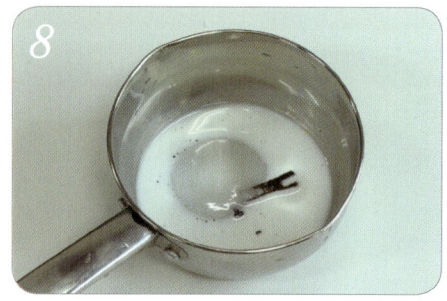

냄비에 우유, 분량의 설탕 1/2, 바닐라빈과 바닐라빈 씨를 긁어 넣고 가볍게 끓입니다.

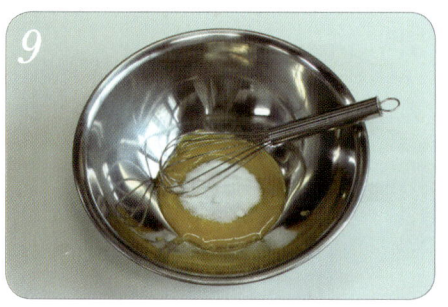

우유가 끓는 동안 다른 볼에 달걀노른자와 남은 설탕 1/2을 넣고 가볍게 섞습니다.

노른자에 뜨거운 우유를 조금씩 넣으며 거품기로 가볍게 섞고, 체로 알끈과 바닐라빈을 거릅니다.

반죽을 끓는 물위에 중탕으로 올려 80℃까지 올립니다. 이때 바닥에 눌어붙지 않도록 주걱으로 살살 저어주다가 묽은 수프정도로 걸쭉해지면 바로 얼음물에 올려 식힙니다.

적당히 식힌 크림을 풀어둔 버터에 조금씩 넣으며 거품기로 섞습니다.

버터와 크림이 다 섞이면 프랄린과 캐러멜소스를
넣고 섞습니다.

상투깍지를 낀 짤주머니에 크림을 넣고 짝을 맞춘
다쿠아즈 한쪽에 적당히 짜고 샌드하면 완성입니다.

Part 2

휘낭시에 & 마들렌

Financier & Madeleine

꿀 휘낭시에

마들렌과 함께 사랑받는 대표적인 구움과자인 휘낭시에입니다. 버터를 태워 만들었기 때문에 풍미가 아주 좋은데요. 여기에 꿀을 넣어 더 촉촉하고 부드럽게 만들었어요.

분량	오븐	맛있게 먹는 기간	보관방법
8cm×4.5cm	190℃	구운 날부터	밀봉
휘낭시에틀 8개	10~13분	3일	상온

재료
버터 45g
달걀흰자 58g
설탕 35g

꿀 35g
아몬드가루 25g

박력분 25g
베이킹파우더 0.5g

미리 준비하기
달걀흰자는 사용하기 직전까지 냉장실에 보관해 차갑게 준비하세요.
달걀흰자를 제외한 모든 재료는 계량 후 실온에서 30분 정도 보관해 실온 상태가 되면 사용하세요.
박력분과 베이킹파우더는 체 쳐서 준비하세요.

TIP
꿀이 없으면 아가베시럽이나 메이플시럽으로 대체해도 돼요.

휘낭시에틀에 분량 외의 버터를 넉넉히 바르고 냉장실에 넣어 차갑게 보관합니다.

냄비에 버터를 넣고, 버터가 진한 갈색이 날 때까지 센 불에 태웁니다. 냄비의 잔열로 색이 더 진해질 수 있으니 찬물에 냄비를 5초 정도 담가 식히고, 따뜻한 상태로 유지해둡니다.

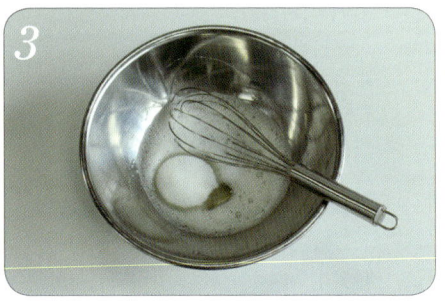

볼에 차가운 상태의 달걀흰자를 넣고 가볍게 풀다가 설탕과 꿀을 넣어 거품기를 좌우로 흔들며 조밀한 거품을 만듭니다.

아몬드가루를 넣고 거품이 죽지 않게 가볍게 섞습니다.

체 친 박력분과 베이킹파우더를 넣고 아래에서 위로 퍼 올리듯 섞어 매끈하게 만듭니다.

따뜻하게 유지한 태운 버터를 2번에 나눠 넣으며 아래에서 위로 퍼 올리듯 섞습니다.

반죽을 틀에 채우고 190℃ 오븐에서 10~13분간 구
우면 완성입니다.

코코넛 휘낭시에

촉촉하고 부드러운 코코넛 휘낭시에입니다. 코코넛을 듬뿍 넣어서 그런지 씹을 때마다 은은히 퍼지는 향이 참 기분 좋아요. 위에 코코넛롱을 올렸더니 보는 재미에, 씹는 재미까지 더해졌답니다.

분량	오븐	맛있게 먹는 기간	보관방법
휘낭시에틀 8개	190℃ 12~15분	구운 날부터 2일	밀봉 상온

재료

버터 64g
달걀흰자 60g
설탕 40g

꿀 5g
코코넛가루 35g
박력분 20g

베이킹파우더 0.5g
토핑용 코코넛롱 조금

미리 준비하기

달걀흰자는 사용하기 직전까지 냉장실에 보관해 차갑게 준비하세요.
달걀흰자를 제외한 모든 재료는 계량 후 실온에서 30분 정도 보관해 실온 상태가 되면 사용하세요.
박력분과 베이킹파우더는 체 쳐서 준비하세요.

휘낭시에틀에 분량 외의 버터를 넉넉히 바르고 냉장실에 넣어 차갑게 보관합니다.

냄비에 버터를 넣고, 진한 갈색이 날 때까지 센 불에 태웁니다. 냄비의 잔열로 색이 더 진해질 수 있으니 찬물에 냄비를 5초 정도 담가 식히고, 따뜻한 상태로 유지해둡니다.

볼에 차가운 상태의 달걀흰자를 넣고 풀다가 설탕과 꿀을 넣어 거품기를 좌우로 흔들며 미세한 거품을 만듭니다.

미세하고 단단한 거품이 나면 코코넛가루를 넣고, 거품이 죽지 않게 아래에서 위로 퍼 올리듯 살살 섞습니다.

체 친 박력분과 베이킹파우더를 넣고, 아래에서 위로 퍼 올리듯 섞어 거품이 죽지 않도록 합니다.

따뜻하게 유지한 태운 버터를 2번에 나눠 넣으며 아래에서 위로 퍼 올리듯 섞습니다.

7

반죽을 틀에 채우고, 코코넛롱을 위에 올린 후
190℃ 오븐에서 12~15분간 구우면 완성입니다.

마롱 휘낭시에

달콤한 밤페이스트가 들어간 촉촉하고 부드러운 식감의 휘낭시에입니다. 버터의 풍미와 보늬밤의 달콤함을 넉넉히 넣었으니 가을의 밤을 충분히 느끼게 해줄 거예요.

분량	오븐	맛있게 먹는 기간	보관방법
8cm 휘낭시에틀 10개	180℃ 13~15분	구운 다음날부터 2일	밀봉 상온

재료

달걀흰자 90g
설탕 55g
꿀 10g

아몬드가루 15g
박력분 34g

버터 55g
밤페이스트 53g
보늬밤 5개

미리 준비하기

달걀흰자는 사용하기 직전까지 냉장실에 보관해 차갑게 준비하세요.
달걀흰자를 제외한 모든 재료는 계량 후 실온에서 30분 정도 보관해 실온 상태가 되면 사용하세요.
박력분은 체 쳐서 준비하세요.

휘낭시에틀에 분량 외의 버터를 넉넉히 바르고 냉
장실에 넣어 차갑게 보관합니다.

보늬밤은 1/4 크기로 잘라 20개 정도로 만든 후 키
친타월에 올려 물기를 제거합니다.

밤페이스트에 덩어리가 없도록 스크래퍼로 잘 풀
어줍니다.

냄비에 버터를 넣고, 버터가 진한 갈색이 날 때까
지 센 불에 태웁니다.

태운 버터와 밤페이스트를 잘 섞은 후 따뜻하게 유
지합니다. 너무 식으면 전자레인지에 살짝 데워 사
용합니다.

볼에 차가운 상태의 달걀흰자를 가볍게 풀고, 설탕
과 꿀을 넣어 거품기를 좌우로 흔들며 미세한 거품
을 냅니다.

아몬드가루를 넣어 섞다가 체 친 박력분을 넣은 뒤, 아래에서 위로 퍼 올리듯 가볍게 섞습니다.

태운 버터와 밤페이스트 섞은 것을 넣고 가볍게 섞습니다.

반죽을 틀에 채우고 잘라놓은 보늬밤을 올린 후 180℃ 오븐에서 13~15분간 구우면 완성입니다.

말차 티그레

설탕이 듬뿍 묻은 휘낭시에 격인 티그레입니다. 부드러운 휘낭시에와 오독오독 씹히는 설탕이 입안을 더욱 달달하게 만들어요. 설탕의 크기가 모두 다른 만큼 다양한 설탕을 쓰면 식감도 다양하겠죠?

분량	오븐	맛있게 먹는 기간	보관방법
티그레틀 8개	190℃ 10~12분	구운 날부터 2일	밀봉 상온

재료

버터 53g
달걀흰자 53g
설탕 31g
꿀 6g
아몬드가루 26g

박력분 22g
말차가루 3g
베이킹파우더 0.5g
크리스털 슈가 조금

말차초콜릿(8~10개분)
말차가루 1g
화이트코팅초콜릿 10g
화이트커버춰초콜릿 15g

미리 준비하기

달걀흰자는 사용하기 직전까지 냉장실에 보관해 차갑게 준비하세요.
달걀흰자를 제외한 모든 재료는 계량 후 실온에서 30분 정도 보관해 실온 상태가 되면 사용하세요.
박력분과 말차가루, 베이킹파우더는 체 쳐서 준비하세요.

TIP

설탕의 입자 크기에 따라 식감이 많이 다르고, 입자가 큰 설탕을 사용하면 식감이 더 좋아져요.
입자가 큰 설탕이 없으면 일반 설탕을 사용해도 돼요.

티그레틀에 붓으로 분량 외의 버터를 듬뿍 바르고 크리스털 슈가를 묻혀, 냉장실에 넣어 차갑게 보관합니다.

냄비에 버터를 넣고, 버터가 진한 갈색이 날 때까지 센 불에 태웁니다. 냄비의 잔열로 색이 더 진해질 수 있으니 찬물에 냄비를 5초 정도 넣어 식히고, 따뜻한 상태로 유지해둡니다.

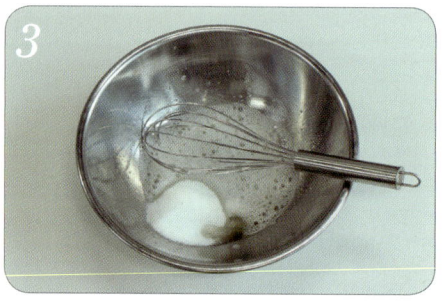

볼에 차가운 상태의 달걀흰자를 넣고 풀다가 설탕과 꿀을 넣어 거품기를 좌우로 흔들며 미세한 거품을 만듭니다.

아몬드가루를 넣고 거품이 죽지 않게 아래에서 위로 퍼 올리듯 가볍게 섞습니다.

체 친 박력분과 말차가루, 베이킹파우더를 넣고 아래에서 위로 퍼 올리듯 가볍게 섞은 후, 태운 버터를 넣고 섞습니다.

반죽이 매끈하게 섞이면 설탕을 묻힌 티그레틀에 넣고 190℃ 오븐에서 10~12분간 구워 식혀둡니다.

말차초콜릿을 만듭니다. 화이트코팅초콜릿과 화이트커버춰초콜릿을 중탕으로 녹이고, 말차가루를 체쳐서 넣은 뒤, 매끈하게 섞습니다.

말차초콜릿을 짤주머니에 넣어, 식은 티그레의 가운데 부분을 채우면 완성입니다.

초코 마들렌

많은 분들이 좋아하시는 마들렌에 초콜릿을 입혀 더 달달하고 예쁘게 만들었어요. 색다른 초코 마들렌은
보는 사람마저 심쿵하게 만든답니다.

분량	오븐	맛있게 먹는 기간	보관방법
마들렌틀 8개	180℃ 10~13분	구운 다음날부터 3일	밀봉 상온

재료

버터 60g
다크커버춰초콜릿 A 23g
달걀 90g

설탕 73g
박력분 65g
코코아가루 6g
베이킹파우더 3g

마들렌 코팅
다크커버춰초콜릿 B 40g
코팅용 초콜릿 60g

**미리
준비하기**

모든 재료는 계량 후 실온에서 30분 정도 보관해 실온 상태가 되면 사용하세요.
박력분과 코코아가루, 베이킹파우더는 체 쳐서 준비하세요.

마들렌틀에 분량 외의 버터를 넉넉히 바르고 냉장실에 넣어 차갑게 보관합니다.

냄비에 버터와 다크커버춰초콜릿A를 넣고 녹인 후 따뜻하게 유지합니다.

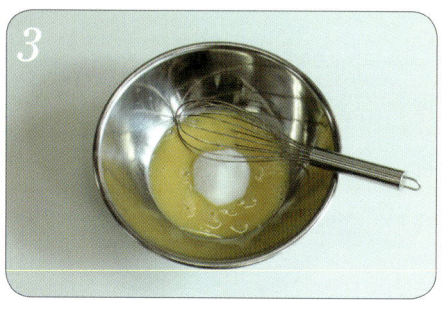

볼에 달걀과 설탕을 넣고 거품기를 좌우로 흔들어 설탕이 약간 녹을 때까지 섞습니다.

체 친 박력분, 코코아가루, 베이킹파우더를 넣고 아래에서 위로 퍼 올리듯 섞습니다.

잘 섞인 반죽에 따뜻하게 유지한 녹인 버터와 다크커버춰초콜릿을 넣고 섞습니다.

반죽을 냉장실에서 반나절 정도 휴지시킨 후 짤주머니에 담습니다.

반죽을 틀에 70% 정도 채운 후 180℃ 오븐에서
10~13분간 구워 충분히 식힙니다.

다크커버춰초콜릿B와 코팅용 초콜릿을 냄비에 녹
이고, 깨끗이 씻어 말린 마들렌틀에 조금씩 넣습니
다. 식힌 마들렌을 초콜릿 위에 올려 충분히 굳힌
후 떼어내면 완성입니다.

레몬 글라세 마들렌

대표적인 구움과자로 아이부터 어른까지 누구나 좋아하는 마들렌! 폭신한 식감을 좋아하는 분을 위해 최대한 부드러운 식감을 느낄 수 있게 만들었어요. 레몬이 아닌 오렌지나 라임으로 만들어도 좋아요.

분량	오븐	맛있게 먹는 기간	보관방법
조가비틀 12개	180℃ 13~15분	구운 다음날부터 2일	밀봉 상온

재료

달걀 80g
설탕 80g
꿀 15g
박력분 70g
베이킹파우더 2g

버터 80g
레몬즙 10g
레몬제스트 12g
토핑용 레몬제스트 약간

레몬 글라세
슈가파우더 50g
레몬즙 7g
물 3g

미리 준비하기

모든 재료는 계량 후 실온에서 30분 정도 보관해 실온 상태가 되면 사용하세요.
박력분과 베이킹파우더는 체 쳐서 준비하세요.

TIP

버터의 온도가 낮으면 반죽과 잘 섞이지 않고, 반죽의 되기도 달라질 수 있으니 따뜻한 상태를 유지해 사용하세요.

레몬은 깨끗이 씻어 노란 껍질부분만 갈아 제스트를 준비합니다. 레몬즙도 필요한 양만큼 짜서 준비합니다.

버터는 가스레인지나 전자레인지를 이용해 따뜻하게(50℃ 정도) 녹여둡니다. 날씨가 춥거나 주방의 온도가 낮으면 10℃ 정도 온도를 더 올려도 됩니다.

볼에 달걀을 넣어 풀고, 설탕과 꿀을 넣습니다.

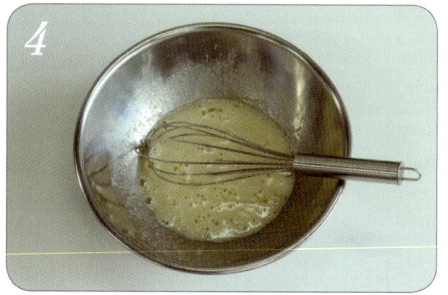

거품기를 이용해 좌우로 흔들며 섞습니다. 마들렌의 부드러움을 위해 충분히 저어 설탕을 조금이라도 녹입니다.

체 친 박력분과 베이킹파우더를 넣고 거품기로 아래에서 위로 퍼 올리듯 천천히 섞은 후, 날가루가 안 보이면 재빨리 매끈하게 섞습니다.

따뜻하게 유지한 버터를 3번에 나눠 넣으며 거품기로 섞습니다.

미리 준비한 레몬제스트와 레몬즙을 넣은 후 가볍게 섞습니다.

볼을 랩으로 싸고, 냉장실에 1시간에서 하루 정도 휴지시킵니다. 가장 맛있는 식감과 풍미를 위해서는 하루 동안 휴지시키는 것을 추천합니다.

반죽의 숙성이 끝나면 굽기 직전에 조가비틀에 분량 외의 버터를 넉넉히 바릅니다. 여름철에는 냉장실에 넣어 버터가 녹지 않도록 합니다.

짤주머니에 반죽을 넣고 틀에 90% 정도 채워, 180℃ 오븐에서 13~15분간 굽습니다.

완성된 마들렌이 식는 동안 레몬 글라세의 재료를 한꺼번에 섞은 후, 붓으로 마들렌에 바르고 토핑용 레몬제스트를 올리면 완성입니다.

Part 3

머핀&파운드

Muffin & Pound

초코칩 머핀

아이들이 너무나 사랑하는 초코칩 머핀. 이 초코칩 머핀은 제가 10년 전부터 조금씩 수정하고, 수정해서 만든 아끼는 레시피에요. 느끼하지 않으면서 적당히 달콤하고, 계속 먹고 싶은 아이들의 최고 디저트랍니다.

분량	오븐	맛있게 먹는 기간	보관방법
높은 머핀틀 5개	170℃ 20분	구운 다음날부터 3일	밀봉 상온

재료

버터 105g
설탕 70g
달걀 77g
아몬드가루 20g

탈지분유 28g
박력분 150g
베이킹파우더 4g
우유 70g

초코칩 70g
토핑용 초코칩 적당량

미리 준비하기

모든 재료는 계량 후 실온에서 30분 정도 보관해 실온 상태가 되면 사용하세요.
박력분과 베이킹파우더는 체 쳐서 준비하세요.

볼에 실온의 버터를 넣어 잘 풀고, 설탕을 한 큰술씩 넣으며 버터가 가벼워지고 뽀얗게 되도록 원형주걱으로 섞어 크림화합니다.

달걀을 한 큰술씩 넣어가며 원형주걱으로 섞습니다. 이때 버터에 달걀이 완전히 섞인 뒤 다음 달걀을 넣어 버터와 분리되지 않게 합니다.

아몬드가루와 탈지분유를 넣고 고무주걱으로 가볍게 섞습니다.

체 친 박력분과 베이킹파우더를 넣고, 고무주걱으로 11자를 그리며 섞습니다. 중간 중간 옆면에 묻은 가루와 버터를 정리하면서 섞습니다.

우유를 2번에 나눠 넣으며 반죽과 섞습니다.

우유가 다 섞이면 고무주걱의 넓은 면으로 치대듯이 20번 정도 섞습니다. 반죽을 매끈하게 정리하면 식감이 더 좋아집니다.

7

매끈한 반죽에 초코칩을 넣어 골고루 섞은 후 짤주 머니에 넣습니다.

8

틀에 유산지를 깔고 반죽을 90% 정도 채운 후 토 핑용 초코칩을 올려, 170℃ 오븐에서 20분간 구우 면 완성입니다.

커피 캐러멜 파운드

베이킹에서 커피는 호불호가 갈리지 않는 재료 중에 하나인데요. 달콤한 캐러멜을 더해 좀 더 촉촉하고
부드러운 파운드를 만들었답니다. 따뜻한 음료든 시원한 음료든 참 잘 어울릴 거예요.

분량	오븐	맛있게 먹는 기간	보관방법
10.5cm×5.5cm×5cm 파운드틀 3개	170℃ 25~30분	구운 다음날부터 3일	밀봉 상온

재료

버터 100g
설탕 50g
무스코바도 설탕 23g
달걀 45g

달걀노른자 15g
캐러멜소스(35p) 75g
박력분 125g
베이킹파우더 3g

커피가루 1g
깔루아 4g
커피엑기스 3g
우유 40g

**미리
준비하기**

캐러멜소스는 미리 만들어 식혀두세요(35p 참고).
모든 재료는 계량 후 실온에서 30분 정도 보관해 실온 상태가 되면 사용하세요.
박력분과 베이킹파우더, 커피가루는 체 쳐서 준비하세요.

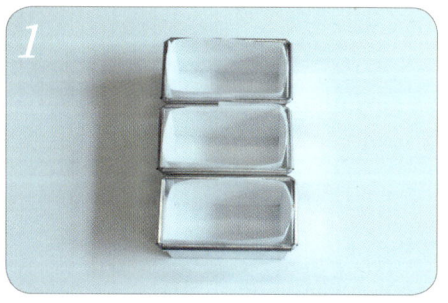

1

노루지를 파운드틀에 맞게 잘라 넣습니다.

2

볼에 버터를 잘 풀고, 설탕과 무스코바도 설탕을 한 큰술씩 넣으며 가벼운 상태가 될 때까지 원형주걱으로 섞어 크림화합니다.

3

달걀과 달걀노른자를 섞어 한 큰술씩 넣으며 원형주걱으로 섞습니다. 이때 버터에 달걀이 완전히 섞인 뒤 다음 달걀을 넣어 버터와 분리되지 않게 합니다.

4

달걀이 다 섞이면 캐러멜소스를 넣어 원형주걱으로 섞습니다.

5

체 친 박력분과 베이킹파우더, 커피가루를 넣고 고무주걱으로 11자를 그리며 섞습니다.

6

깔루아와 커피엑기스, 우유를 넣고 고무주걱으로 가볍게 섞습니다.

118

고무주걱의 넓은 면으로 재빠르게 타원형을 그리며 섞어 반죽을 매끈하게 만든 후 짤주머니에 담습니다.

반죽을 틀에 채우고 170℃ 오븐에서 5분간 구운 후 꺼냅니다. 반죽 가운데에 칼집을 내고 다시 오븐에 넣어 20~25분간 구우면 완성입니다.

대추야자 파운드

데이츠라고도 불리는 대추야자는 우리나라의 말린 대추와 모양은 비슷하지만 맛은 많이 달라요. 대추와 밤 중간쯤 되는 맛인데, 그냥 먹어도 맛있지만 버터와 무척 잘 어울려 베이킹에 활용하면 아주 좋답니다. 중간 중간 씹히는 맛이 아주 일품이에요!

분량	오븐	맛있게 먹는 기간	보관방법
장 파운드틀 1개	170℃ 25~30분	구운 다음날부터 3일	밀봉 상온

재료

버터 70g
설탕 70g
달걀 45g
달걀노른자 20g

아몬드가루 20g
박력분 20g
전분 40g
코코아가루 14g

베이킹파우더 2g
오렌지필 20g
대추야자 100g

미리 준비하기

모든 재료는 계량 후 실온에서 30분 정도 보관해 실온 상태가 되면 사용하세요.
모든 가루재료는 체 쳐서 준비합니다.
박력분, 전분, 코코아가루, 베이킹파우더는 체 쳐서 준비하세요.

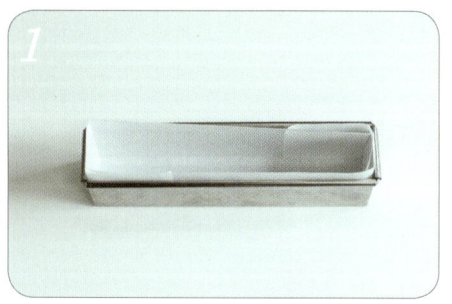

노루지를 파운드틀에 맞게 잘라 팬에 끼워둡니다.

대추야자는 2cm 크기로 잘라 분량 외의 밀가루를 약간 뿌려둡니다.

볼에 실온의 버터를 풀고, 설탕을 한 큰술씩 넣으며 원형주걱으로 섞어 크림화합니다.

달걀과 달걀노른자를 섞어 한 큰술씩 넣으며 원형 주걱으로 섞습니다. 이때 버터에 달걀이 완전히 섞인 뒤 다음 달걀을 넣어 버터와 분리되지 않게 합니다.

체 친 가루재료를 넣고 고무주걱으로 11자를 그리며 섞습니다.

날가루가 안보이면 고무주걱의 넓은 면을 이용해 재빨리 반죽을 섞어 매끈하게 정리합니다.

대추야자와 오렌지필을 넣고 가볍게 섞은 후 짤주
머니에 넣습니다.

반죽을 틀에 채우고 170℃ 오븐에서 25~30분간
구우면 완성입니다.

말차 팥 파운드

잘 삶은 팥은 베이킹에서 건강한 재료로 많이 사용되는데요. 삶은 팥배기를 넉넉히 넣었더니 팥의 달콤한 향과 말차의 향이 무척이나 잘 어우러지는 파운드가 되었어요. 예쁘게 잘라 포장해서 주변사람들에게 선물하고 싶어지는 맛이에요.

분량	오븐	맛있게 먹는 기간	보관방법
15.5cm×7.5cm×5cm	170℃	구운 다음날부터	밀봉
파운드틀 1개	30분	3일	상온

재료

버터 90g
설탕 90g
달걀 75g

박력분 80g
말차가루 7g
베이킹파우더 2g

팥배기 115g
소보로(33p) 30g

미리 준비하기

팥은 미리 삶아 준비하거나, 시판용 팥배기를 준비하세요.
모든 재료는 계량 후 실온에서 30분 정도 보관해 실온 상태가 되면 사용하세요.
박력분과 말차가루, 베이킹파우더는 체 쳐서 준비하세요.
소보로는 미리 만들어 준비하세요(33p 참고).

파운드틀에 분량 외의 버터를 칠한 후 냉장실에 넣어둡니다.

팥배기는 분량 외의 밀가루를 약간 뿌려 준비합니다.

볼에 실온의 버터를 풀고, 설탕을 한 큰술씩 넣으며 원형주걱으로 섞어 크림화합니다.

달걀을 한 큰술씩 넣으며 원형주걱으로 섞습니다. 이때 버터에 달걀이 완전히 섞인 뒤 다음 달걀을 넣어 버터와 분리되지 않게 합니다.

체 친 박력분, 말차가루, 베이킹파우더를 넣고, 고무주걱으로 11자를 그리며 섞습니다.

날가루가 안보이면 고무주걱의 넓은 면을 이용해서 재빨리 섞어 반죽을 정리합니다.

밀가루를 뿌려 둔 팥배기를 넣고, 가볍게 섞은 후 파운드틀에 담습니다.

반죽 위에 소보로를 올린 후, 170℃ 오븐에서 30분 간 구우면 완성입니다.

메이플 호두 파운드

호두와 메이플시럽의 만남은 언제 먹어도 참 맛있는 것 같아요. 고소한 파운드를 드시고 싶다면 호두를 듬뿍 올리면 되고, 좀 더 달달한 파운드를 원하신다면 슈가아이싱을 올려 보세요. 호두 대신 피칸을 넣어 만들어도 좋답니다.

분량	오븐	맛있게 먹는 기간	보관방법
10cm×5cm×5cm 파운드틀 2개	175℃ 20분	구운 다음날부터 3일	밀봉 상온

재료

버터 77g
무스코바도 설탕 40g
달걀 35g
메이플시럽 45g
박력분 80g

베이킹파우더 3g
시나몬가루 0.5g
우유 35g
호두분태 50g

아이싱(파운드 1개분)
슈가파우더 74g
메이플시럽 20g
물 7g

미리 준비하기

모든 재료는 계량 후 실온에서 30분 정도 보관해 실온 상태가 되면 사용하세요.
호두분태는 오븐에 구워 로스팅해 주세요.
박력분과 베이킹파우더, 시나몬가루는 체 쳐서 준비하세요.

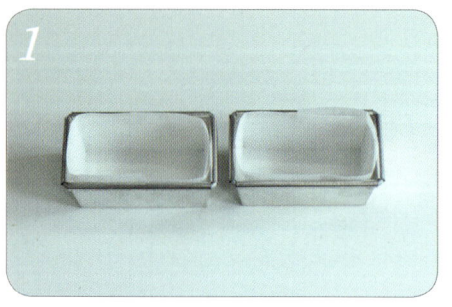

1

노루지를 파운드틀에 맞게 잘라 넣습니다.

2

호두분태는 로스팅하고, 분량 외의 강력분을 묻혀서 준비합니다.

3

볼에 실온의 버터를 풀고, 무스코바도 설탕을 한 큰술씩 넣으며 원형주걱으로 섞어 크림화합니다. 주걱으로 들었을 때 부드럽고 가벼운 반죽이 되면 종료합니다.

4

달걀을 한 큰술씩 넣으며 원형주걱으로 섞습니다. 이때 버터에 달걀이 완전히 섞인 뒤 다음 달걀을 넣어 버터와 분리되지 않게 합니다.

5

메이플시럽을 넣고 원형주걱으로 가볍게 섞습니다.

6

체 친 박력분, 베이킹파우더, 시나몬가루를 넣고, 고무주걱으로 11자를 그리면서 섞습니다.

날가루가 안보이면 우유를 넣고, 고무주걱의 넓은 면으로 치대듯이 섞어 반죽을 매끈하게 만듭니다.

강력분을 묻힌 호두분태를 넣고 가볍게 섞어 짤주머니에 넣습니다.

반죽을 틀에 채우고, 175℃ 오븐에서 5분간 구운 후 꺼냅니다. 반죽 가운데에 칼집을 넣고 다시 오븐에 넣어 15분간 더 구운 뒤 식힙니다.

아이싱용 슈가파우더와 메이플시럽, 물을 한꺼번에 섞어 아이싱을 만든 후 완전히 식은 파운드에 발라 굳히면 완성입니다.

Home Bakery

애프리콧 애플 파운드

쫀득한 건살구와 익힌 사과가 입안을 즐겁게 하는 파운드에요. 카놀라유를 넣어 부드럽고 촉촉한 식감을 극대화했답니다. 다른 파운드보다 훨씬 좋은 식감의 파운드를 맛보세요.

분량	오븐	맛있게 먹는 기간	보관방법
14cm×5.5cm×5.5cm 파운드틀 2개	170℃ 18~20분	구운 다음날부터 3일	밀봉 상온

재료

버터 80g
슈가파우더 85g
달걀 90g
카놀라유 10g
아몬드가루 25g

박력분 95g
베이킹파우더 2g
건살구 100g
쿠앵트로 25g

사과 조림
사과 70g
설탕 10g
버터 10g
쿠앵트로 5g

미리 준비하기

모든 재료는 계량 후 실온에서 30분 정도 보관해 실온 상태가 되면 사용하세요.
건살구는 하루 전날 쿠앵트로에 넣어 절여두세요.
사과 조림은 계량하기 30분 전에 미리 만들어 식혀 사용하세요.
박력분과 베이킹파우더는 체 쳐서 준비하세요.

1. 건살구는 사방 1cm 크기로 잘라 하루 전날 쿠앵트로에 넣어 불려둡니다.

2. 냄비에 깍둑썰기한 사과와 설탕, 버터를 넣어 충분히 조린 후 쿠앵트로를 넣어서 30분간 절입니다.

3. 불린 살구와 사과 조림은 사용하기 전에 키친타월에 올려 물기를 제거합니다.

4. 노루지를 파운드틀에 맞게 잘라 넣습니다.

5. 볼에 실온의 버터를 넣어 풀고, 슈가파우더를 4번 정도 나눠 넣으며 원형주걱으로 섞어 크림화합니다. 버터가 가벼워지고 뽀얀 색이 되면 그만합니다.

6. 달걀을 한 큰술씩 넣으며 원형주걱으로 섞습니다. 달걀의 양이 많아 분리되기 쉬우니 조금씩 넣고, 분리가 될 것 같으면 거품기나 믹싱기를 사용해 재빨리 섞습니다.

카놀라유를 넣고 원형주걱으로 매끈하게 섞습니다.

아몬드가루를 넣고 섞다가 체 친 박력분과 베이킹 파우더를 넣고 고무주걱으로 11자를 그리며 자르듯 이 섞습니다.

날가루가 안 보이면 고무주걱으로 치대듯이 섞어 반죽을 매끈하게 만듭니다.

물기를 제거한 불린 살구와 사과 조림을 넣고 가볍 게 섞습니다.

반죽을 짤주머니에 담아 팬에 짜고, 윗면을 매끈하 게 정리합니다.

170℃ 오븐에서 5분간 굽다가 꺼내 반죽의 가운데 에 칼집을 넣은 후 다시 13~15분간 더 구우면 완 성입니다.

다쿠아즈 초코 파운드

두 가지 식감을 한 번에 느낄 수 있는 다쿠아즈 초코 파운드입니다. 오랫동안 2번 구워야하기 때문에 파운드를 촉촉하게 만드는 것이 진짜 중요해요. 오버 베이킹되지 않도록 정확한 온도에서 재빨리 구워주세요. 그럼 진짜 맛있고 색다른 파운드가 될 거예요!

분량
장 파운드틀
2개

오븐
파운드
175℃ 15~20분
다쿠아즈
175℃ 12~15분

맛있게 먹는 기간
구운 다음날부터
3일

보관방법
밀봉
상온

재료

버터 100g	박력분 60g	**다쿠아즈**
설탕 80g	전분 20g	달걀흰자 60g
달걀 75g	베이킹파우더 2g	설탕 15g
아몬드가루 50g	다크커버춰초콜릿 30g	아몬드가루 50g
탈지분유 4g	코코아가루 4g	슈가파우더 50g
	토핑용 슈가파우더 적당량	코코아가루 3g

미리 준비하기

다쿠아즈용 달걀흰자는 사용하기 직전까지 냉장실에 보관해 차갑게 준비하세요.
달걀흰자를 제외한 모든 재료는 계량 후 실온에서 30분 정도 보관해 실온 상태가 되면 사용하세요.
노루지를 파운드틀에 맞게 잘라 팬에 끼워두세요.
가루재료는 미리 체 쳐서 준비하세요.

다크커버춰초콜릿을 중탕 혹은 전자레인지를 이용해 미리 녹여 준비합니다.

볼에 실온의 버터를 풀고, 설탕을 한 큰술씩 넣으며 원형주걱으로 섞어 크림화합니다.

달걀을 한 큰술씩 넣으며 원형주걱으로 섞습니다. 이때 버터에 달걀이 완전히 섞인 뒤 다음 달걀을 넣어 버터와 분리되지 않게 합니다.

아몬드가루와 탈지분유를 넣고 고무주걱으로 가볍게 섞습니다.

체 친 박력분, 전분, 베이킹파우더를 넣고 고무주걱으로 11자를 그리며 섞은 후, 치대듯이 섞어 매끈한 상태의 기본반죽을 만듭니다.

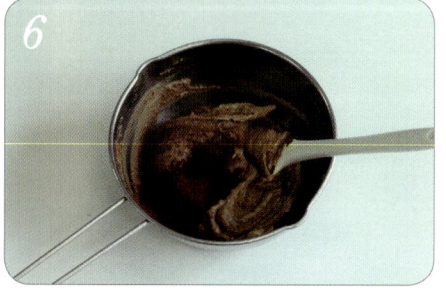

기본반죽의 1/2을 초콜릿을 녹인 볼에 넣어 가볍게 섞고, 코코아가루를 넣어 매끈하게 섞습니다.

기본반죽과 초콜릿반죽을 각각 짤주머니에 담습니다.

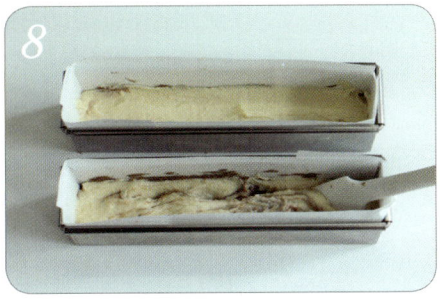

노루지를 깐 파운드틀에 초콜릿반죽을 넣고, 그 위에 기본반죽을 올립니다. 고무주걱으로 두 반죽을 살짝 섞고, 175℃ 오븐에서 15~20분간 구워 냉동실에서 한 김 식힙니다.

파운드가 식는 동안 다쿠아즈를 만듭니다. 볼에 차가운 상태의 달걀흰자를 넣어 믹싱기로 가볍게 풀고, 설탕을 2번에 나눠 넣으며 단단한 머랭을 만듭니다.

아몬드가루와 체 친 슈가파우더, 코코아가루를 넣고, 주걱으로 섞은 뒤 깍지를 끼운 짤주머니에 넣습니다.

한 김 식은 파운드에 다쿠아즈를 짜 올립니다. 그 위에 토핑용 슈가파우더를 뿌리고 2분 뒤에 다시 한 번 더 뿌립니다.

팬 위에 팬을 하나 덧대 175℃ 오븐에서 12~15분간 더 구우면 완성입니다.

피스타치오 파운드

겉에 초콜릿을 입혀, 달콤함은 물론 오랫동안 촉촉함을 유지할 수 있도록 만든 피스타치오 파운드입니다.
단면을 자르면 크랜베리가 콕콕 박혀있는데요. 크랜베리의 상큼한 맛은 피스타치오의 고소한 맛과 참 잘
어울린답니다. 맛도 좋고 색도 예쁜 파운드를 만들어보세요.

분량	오븐	맛있게 먹는 기간	보관방법
코엔도르틀	170℃	구운 날부터	밀봉
8개	18~20분	3일	상온

재료

크랜베리 22g
럼주 10g
버터 70g
설탕 63g
달걀 45g

달걀노른자 25g
피스타치오 페이스트A 35g
박력분 80g
베이킹파우더 2g

화이트코팅초콜릿 100g
피스타치오 페이스트B 18g
아몬드분태 30g

**미리
준비하기**

모든 재료는 계량 후 실온에서 30분 정도 보관해 실온 상태가 되면 사용하세요.
코엔도르틀에 분량 외의 버터를 칠한 후 냉장실에 넣어 사용하기 전까지 차갑게 보관하세요.
크랜베리는 럼주에 넣어 반나절에서 하루 정도 불렸다가 사용하세요.
박력분과 베이킹파우더는 미리 체 쳐서 준비하세요.

TIP

크랜베리는 럼주에 불리지 않고 바로 다져서 사용해도 좋아요.

아몬드분태를 180℃ 오븐에서 5분간 살짝 구워 로스팅 합니다.

크랜베리는 럼주에 넣어 반나절에서 하루 정도 불렸다가 키친타올에 올려 물기를 충분히 뺀 후 칼로 다져놓습니다.

볼에 실온의 버터를 풀고 설탕을 한 큰술씩 넣으며 원형주걱으로 섞어 크림화합니다.

달걀과 달걀노른자를 섞어 한 큰술씩 넣으며 원형 주걱으로 섞습니다. 이때 버터에 달걀이 완전히 섞인 뒤 다음 달걀을 넣어 버터와 분리되지 않게 합니다.

피스타치오 페이스트A를 넣고 원형주걱으로 섞습니다.

체 친 박력분과 베이킹파우더를 넣고 고무주걱으로 11자를 그리면서 섞습니다.

142

날가루가 안보이면 고무주걱의 넓은 면으로 치대
듯이 섞어 반죽을 매끈하게 만듭니다.

미리 준비한 다진 크랜베리를 넣고 고무주걱으로
가볍게 섞은 후 짤주머니에 넣습니다.

반죽을 틀에 짜 넣고, 170℃ 오븐에서 4~5분간 굽
다가 꺼내 반죽의 가운데에 칼집을 넣은 후 다시
13~16분간 더 굽습니다.

파운드를 굽는 동안 화이트코팅초콜릿을 중탕으로
녹이고, 피스타치오 페이스트B와 아몬드분태를 넣
고 섞습니다.

잘 구운 파운드의 위쪽을 매끈하게 자릅니다. 많은
양을 자르지 말고 똑바로 세워질 정도로만 적당히
잘라냅니다.

자른 면에 포크를 꽂아 코팅초콜릿을 입혀 식힘망
에서 굳히면 완성입니다.

Part 4

케이크

Cake

린처 토르테

오스트리아 린츠 지방의 과자인 린처 토르테는 잼이나 크림을 샌드해 먹는 구움과자 중에 하나예요. 잼을 넣었기 때문에 자칫 단맛만 강할 수 있어, 달지 않게 만들어보았답니다. 린처 토르테는 우유랑 먹으면 정말 맛있어요.

분량	오븐	맛있게 먹는 기간	보관방법
8cm 휘낭시에틀 4개	170℃ 10~12분 굽고 다시 8~10분	구운 다음날부터 3일	밀봉 상온

재료

버터 60g	아몬드가루 60g	시나몬가루 0.1g
설탕 30g	박력분 20g	베이킹파우더 1g
달걀 25g	전분 10g	후람보아즈잼 100g

미리 준비하기

모든 재료는 계량 후 실온에서 30분 정도 보관해 실온 상태가 되면 사용하세요.
박력분과 전분, 시나몬가루, 베이킹파우더는 체 쳐서 준비하세요.

휘낭시에틀에 분량 외의 버터를 칠한 후 냉장실에
보관합니다.

볼에 실온의 버터를 풀고, 설탕을 한 큰술씩 나눠
넣으며 원형주걱으로 섞어 크림화합니다.

달걀을 한 큰술씩 넣으며 원형주걱으로 섞습니다.
이때 버터에 달걀이 완전히 섞인 뒤 다음 달걀을 넣
어 버터와 분리되지 않게 합니다.

아몬드가루를 넣고 고무주걱으로 섞습니다.

체 친 박력분, 전분, 시나몬가루, 베이킹파우더를
넣고 고무주걱으로 11자를 그리며 섞습니다.

날가루가 안 보이면 고무주걱의 넓은 면을 이용하
여 치대듯이 섞어 반죽을 매끈하게 만듭니다.

148

버터를 칠한 틀에 반죽을 40% 정도만 채워 170℃ 오븐에서 10~12분간 굽습니다.

잘 구워진 케이크를 꺼내 한 김 식힌 후, 남은 반죽을 별깍지를 끼운 짤주머니에 넣고 가장자리에 모양을 내서 짭니다.

가운데에 후람보아즈잼을 올리고, 170℃ 오븐에서 8~10분간 구우면 완성입니다.

딸기 브라우니

화이트 초콜릿의 부드러움과 딸기의 상큼함이 만난 딸기 브라우니입니다. 그동안 드셨던 초코 브라우니와는 또 다른 매력을 느끼실 수 있을 거예요. 딸기가 들어있어 차갑게 드시면 더욱 맛있답니다.

분량	오븐	맛있게 먹는 기간	보관방법
사각 1호틀 1개	175℃ 18~20분	구운 다음날부터 2일	밀봉 상온

재료

딸기 5개
버터 70g
화이트커버춰초콜릿 80g

설탕 95g
달걀 88g
박력분 60g

강력분 60g
베이킹파우더 3g

미리 준비하기

모든 재료는 계량 후 실온에서 30분 정도 보관해 실온 상태가 되면 사용하세요.
박력분과 강력분, 베이킹파우더는 체 쳐서 준비하세요.

딸기를 깨끗이 씻고 반으로 잘라 키친타월에 올려 물기를 제거합니다.

노루지나 종이호일을 틀에 맞게 잘라 넣습니다.

화이트커버춰초콜릿과 버터를 중탕이나 전자레인지를 이용해 녹여 사용하기 직전까지 50℃ 정도로 따뜻하게 유지합니다. 작업장의 온도가 낮으면 10℃ 정도 더 올려 유지합니다.

볼에 달걀을 풀고, 설탕을 넣어 거품기를 좌우로 가볍게 흔들며 30초 정도 섞습니다.

달걀에 따뜻한 상태로 유지한 버터와 초콜릿을 조금씩 부으며 거품기로 섞습니다.

체 친 박력분과 강력분, 베이킹파우더를 넣고, 거품기로 아래에서 위로 퍼 올리듯 섞습니다.

7

날가루가 안 보이면 고무주걱으로 깔끔하게 섞어
마무리합니다.

8

틀에 반죽을 채우고 딸기를 올린 후 175℃ 오븐에
서 18~20분간 구우면 완성입니다.

오렌지 브라우니

꾸덕한 브라우니 속에 상큼함을 더할 오렌지를 넣었어요. 진한 초콜릿이 부담스러우셨던 분들을 위해 만들었답니다. 시원한 여름에도 부담 없이 즐길 수 있어요.

분량	오븐	맛있게 먹는 기간	보관방법
사각 3호틀 1개	180℃ 13~15분	구운 날부터 3일	밀봉 상온

재료

버터　120g	설탕　70g	오렌지 제스트　1개분
다크커버춰초콜릿　150g	무스코바도 흑설탕　20g	토핑용 오렌지 슬라이스　6장
달걀　120g	강력분　45g	
달걀노른자　26g	코코아가루　15g	

미리 준비하기

모든 재료는 계량 후 실온에서 30분 정도 보관해 실온 상태가 되면 사용하세요.
강력분과 코코아가루는 체 쳐서 준비하세요.

노루지나 종이호일을 사각 3호틀에 맞게 잘라 넣습니다.

토핑용 오렌지 슬라이스는 키친타월에 올려 물기를 제거합니다.

오렌지는 깨끗하게 씻어 껍질부분만 갈아 제스트를 만듭니다.

버터와 다크커버춰초콜릿을 중탕이나 전자레인지를 이용해 녹이고, 50℃ 정도의 따뜻한 상태로 유지합니다.

볼에 달걀과 달걀노른자, 설탕, 무스코바도 흑설탕을 넣어 거품기로 가볍게 섞습니다. 설탕이 녹지 않아도 됩니다.

따뜻하게 유지한 녹인 버터와 초콜릿을 반죽에 넣고 거품기로 재빨리 매끈하게 섞습니다.

체 친 강력분과 코코아가루를 넣고, 거품기로 아래
에서 위로 퍼 올리듯 매끈하게 섞습니다.

오렌지 제스트를 넣고 섞습니다.

틀에 반죽을 채우고, 물기를 제거한 오렌지 슬라이
스를 올립니다. 180℃ 오븐에서 13~15분간 구우면
완성입니다.

레몬 케이크

우울한 기분을 달랠 때, 적당히 달콤하고 상큼한 것은 초콜릿보다 더 좋은 것 같아요. 레몬이 들어가 상큼한 레몬 케이크와 시원한 아이스 아메리카노를 함께 먹으면 그렇게 기분이 좋아지더라고요.

분량	오븐	맛있게 먹는 기간	보관방법
레몬틀	170℃	구운 다음날부터	밀봉
6개	15분	3일	상온

재료

버터 63g
설탕 56g
달걀 56g

박력분 75g
베이킹파우더 2g
레몬 제스트 19g

레몬 아이싱
슈가파우더 65g
물 3g
레몬즙 3g

미리 준비하기

모든 재료는 계량 후 실온에서 30분 정도 보관해 실온 상태가 되면 사용하세요.
박력분과 베이킹파우더는 체 쳐서 준비하세요.

레몬은 깨끗이 씻어 노란 껍질부분만 갈아 레몬 제스트를 만듭니다.

레몬틀에 분량 외의 버터를 칠하고, 냉장실에 넣어 차갑게 보관합니다.

볼에 실온의 버터를 풀고, 설탕을 한 큰술씩 나눠 넣으며 원형주걱으로 섞어 크림화합니다.

달걀을 한 큰술씩 넣으며 원형주걱으로 섞습니다. 이때 버터에 달걀이 완전히 섞인 뒤 다음 달걀을 넣어 버터와 분리되지 않게 합니다.

체 친 박력분과 베이킹파우더를 넣고, 고무주걱으로 11자를 그리면서 섞습니다.

미리 준비한 레몬 제스트를 넣고 가볍게 섞은 후, 고무주걱의 넓은 면으로 치대듯이 섞어 반죽을 매끄럽게 합니다.

버터를 칠한 레몬틀에 반죽을 채우고, 170℃ 오븐
에서 15분간 굽습니다.

슈가파우더와 레몬즙, 물을 섞어 아이싱을 만들고,
식은 케이크 위에 바르면 완성입니다.

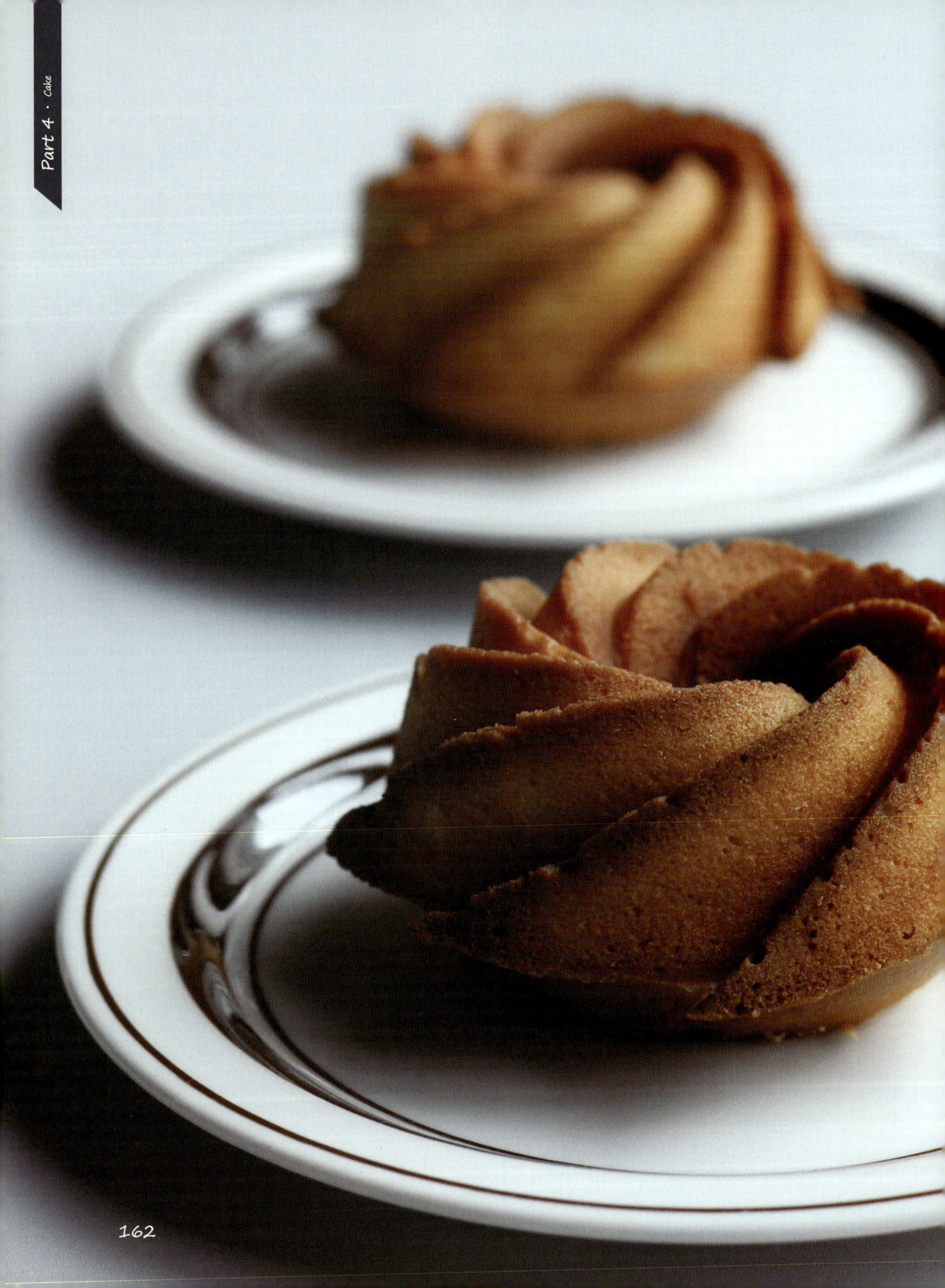

바닐라 프로마쥬 케이크

크림치즈가 들어가 부드럽고, 바닐라빈의 은은한 향이 가득한 케이크랍니다. 단맛을 최소화해서 처음에는 너무 안 단것 같지만 계속 먹다보면 은은한 향과 더불어 부드러운 단맛이 올라올 거예요.

분량	오븐	맛있게 먹는 기간	보관방법
회오리 번트틀 5개	170℃ 18~20분	구운 다음날부터 3일	밀봉 상온

재료

크림치즈 110g
버터 50g
설탕 90g

바닐라빈 1/2개
달걀 35g
달걀노른자 30g

박력분 90g
전분 30g
베이킹파우더 3g
화이트럼 5g

미리 준비하기

모든 재료는 계량 후 실온에서 30분 정도 보관해 실온 상태가 되면 사용하세요.
박력분과 전분, 베이킹파우더는 체 쳐서 준비하세요.

번트틀에 분량 외의 버터를 칠해 냉장고에 보관합니다.

볼에 실온의 크림치즈와 버터를 넣어 잘 풀고, 설탕을 한 큰술씩 나눠 넣으며 원형주걱으로 섞어 크림화합니다.

바닐라빈을 세로로 잘라, 칼등으로 씨를 긁어 반죽에 넣고 가볍게 섞습니다.

달걀과 달걀노른자를 섞어 한 큰술씩 넣으며 원형주걱으로 섞습니다. 버터에 달걀이 완전히 섞인 뒤 다음 달걀을 넣어 버터와 분리되지 않게 합니다.

체 친 박력분과 전분, 베이킹파우더를 넣습니다.

고무주걱으로 아래에서 위로 퍼 올리듯 섞습니다.

날가루가 안 보이면 화이트럼을 넣고 고무주걱으로 치대듯이 섞어 반죽을 매끈하게 만듭니다.

짤주머니에 반죽을 넣고, 버터를 칠한 틀에 채웁니다. 170℃ 오븐에서 18~20분간 구우면 완성입니다.

마블 피스타치오

피스타치오 페이스트는 가격은 비싸지만, 케이크의 맛을 풍부하게 해주고 예쁜 색을 내주는 재료인 만큼 꼭 써보고 싶은 베이킹 재료예요. 고소한 맛을 제대로 내는 맛있고 예쁜 피스타치오 페이스트로 맛난 케이크를 구워볼까요.

분량	오븐	맛있게 먹는 기간	보관방법
16cm 구겔호프틀 1개	170℃ 30분	구운 다음날부터 3일	밀봉 상온

재료

버터 120g
설탕 120g
소금 1g
달걀 100g

박력분 140g
베이킹파우더 3g
피스타치오 페이스트 30g
우유 20g

화이트럼 5g
바닐라빈 1/3개

미리 준비하기

모든 재료는 계량 후 실온에서 30분 정도 보관해 실온 상태가 되면 사용하세요.
바닐라빈은 세로로 잘라 칼등으로 씨를 긁어내 사용하세요.
박력분과 베이킹파우더는 체 쳐서 준비하세요.

구겔호프틀에 분량 외의 버터를 칠해 냉장실에 넣어둡니다.

볼에 실온의 버터를 풀고, 설탕을 한 큰술씩 나눠 넣으며 원형주걱으로 섞어 크림화합니다. 이때 소금도 함께 넣습니다.

달걀을 한 큰술씩 넣으며 원형주걱으로 섞습니다. 이때 버터에 달걀이 완전히 섞인 뒤 다음 달걀을 넣어 버터와 분리되지 않게 합니다.

체 친 박력분과 베이킹파우더를 넣고 고무주걱으로 11자를 그리며 날가루가 보이지 않게 섞습니다.

반죽의 1/3 정도를 다른 볼에 옮깁니다. 옮긴 반죽에 피스타치오 페이스트를 넣고 고무주걱으로 가볍게 섞은 후 치대듯이 재빨리 섞어 반죽을 매끈하게 만듭니다.

기본 반죽에 우유와 화이트럼, 바닐라빈 씨를 넣고 가볍게 섞은 후 치대듯이 재빨리 섞어 반죽을 매끈하게 만듭니다.

만든 두 반죽을 짤주머니에 담습니다.

바닐라 반죽의 1/2을 틀에 짜고, 그 위에 피스타치오 반죽을 모두 짭니다.

그 위에 나머지 바닐라 반죽을 짜 넣고 주걱을 이용해 위아래로 가볍게 섞습니다.

윗부분을 매끈하게 다듬은 뒤 170℃ 오븐에서 30분간 구우면 완성입니다.

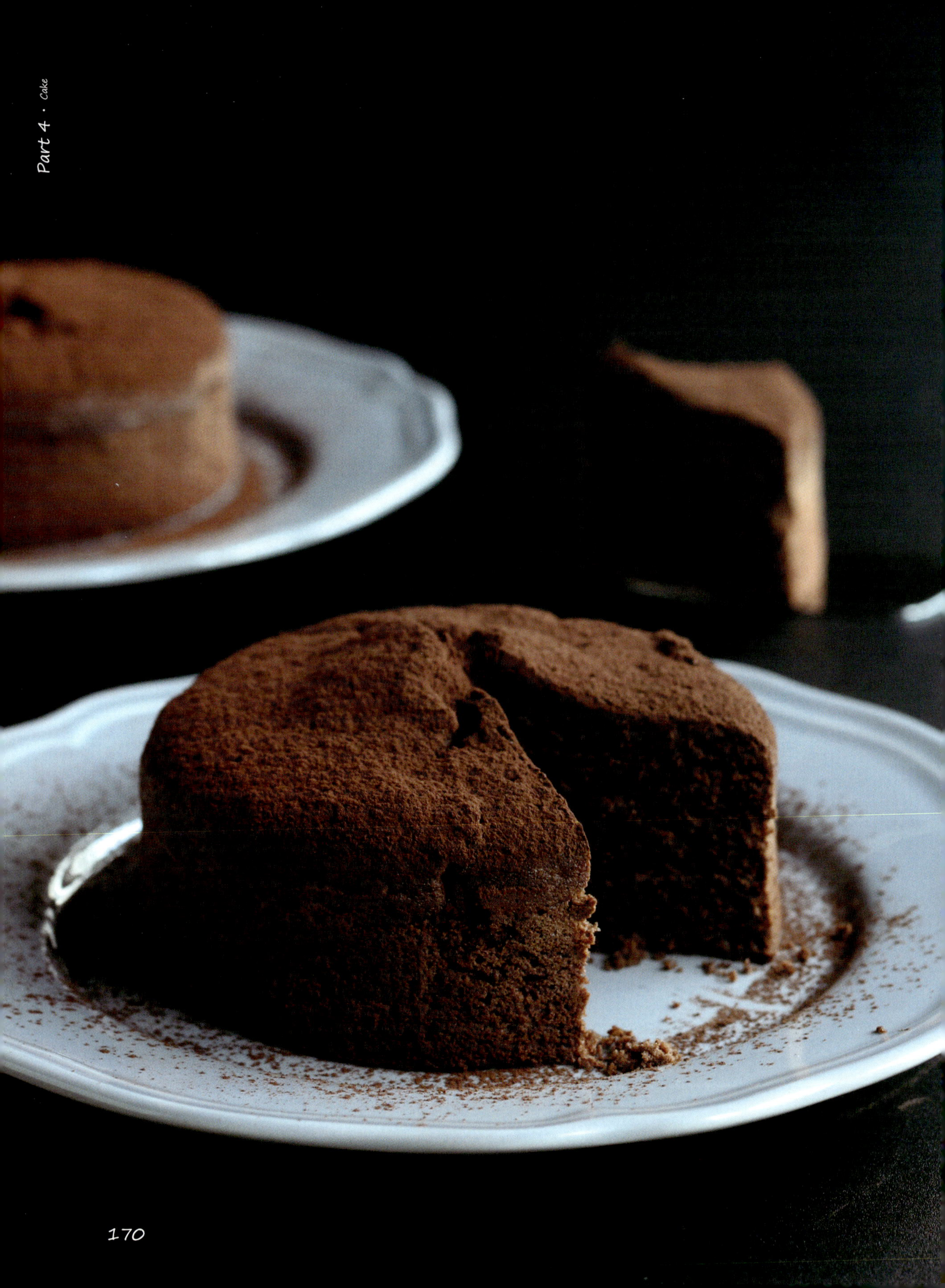

쇼콜라 케이크

찐득한 케이크가 아닌 부드러운 케이크가 생각날 때 드시면 좋은 쇼콜라 케이크에요. 부드러운 식감으로
아이들은 우유와, 어른들은 커피와 함께 즐길 수 있는 데일리 케이크랍니다.

분량	오븐	맛있게 먹는 기간	보관방법
12cm 원형틀 2개	175℃ 30~35분	구운 다음날부터 3일	밀봉 상온

재료

버터 75g
다크커버춰초콜릿 85g
달걀 20g
달걀노른자 40g

설탕A 25g
생크림 20g
달걀흰자 75g
설탕B 55g

전분 15g
박력분 20g
코코아가루 12g
아몬드가루 40g
토핑용 코코아가루 적당량

**미리
준비하기**

달걀흰자는 사용하기 직전까지 냉장실에 보관해 차갑게 준비하세요.
달걀흰자를 제외한 모든 재료는 계량 후 실온에서 30분 정도 보관해 실온 상태가 되면 사용하세요.
전분과 박력분, 코코아가루는 체 쳐서 준비하세요.

노루지를 12cm 원형틀에 맞게 잘라 넣습니다.

버터와 다크커버춰초콜릿은 중탕이나 전자레인지를
이용해 녹인 후 사용 전까지 따뜻하게 유지합니다.

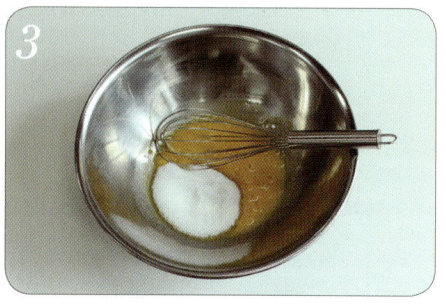

달걀과 달걀노른자를 섞고, 설탕A를 넣어 거품기로
가볍게 섞습니다. 거품을 내지 않아도 됩니다.

달걀 반죽에 따뜻하게 준비해 둔 녹인 버터와 초콜
릿을 넣어 섞습니다.

생크림을 넣고 거품기로 가볍게 섞습니다.

다른 볼에 차가운 상태의 달걀흰자를 믹싱기로 가
볍게 풀고, 설탕B를 3번에 나눠 넣으며 밀도 있으
면서 조밀하고, 끝이 휘는 정도의 머랭을 만듭니다.

반죽에 머랭의 1/3을 넣고 거품기로 아래에서 위로 퍼 올리듯 가볍게 섞어 마블 상태로 만듭니다.

체 친 전분과 박력분, 코코아가루를 넣고 아몬드가루를 넣은 뒤, 거품기로 아래에서 위로 퍼 올리듯 섞습니다.

나머지 머랭을 전부 넣고 고무주걱으로 아래에서 위로 퍼 올리듯 섞습니다.

원형틀에 반죽을 채우고, 175℃ 오븐에서 30~35분간 굽습니다.

다 구워진 케이크를 꺼내 식힌 후 토핑용 코코아가루를 듬뿍 뿌리면 완성입니다.

쑥 콩 케이크

"나 쑥 안 좋아하는데... 오~ 맛있어. 맛있어!" 라는 말이 절로 나오는 쑥 콩 케이크입니다. 쑥을 싫어하는 어른이나 아이도 모두 다 맛있게 드실 수 있도록 만들었어요. 쑥 향이 거북하지 않고, 그 맛이 달달하기 때문에 편하게 즐길 수 있을 거예요.

분량	오븐	맛있게 먹는 기간	보관방법
높은 머핀틀 6개	175℃ 25~30분	구운 다음날부터 3일	밀봉 상온

재료

		슈가아이싱
버터 120g	달걀흰자 70g	슈가파우더 50g
설탕A 90g	설탕B 50g	물 3g
달걀 22g	박력분 92g	레몬즙 5g
달걀노른자 22g	쑥가루 20g	
탈지분유 5g	브랜디 20g	
아몬드가루 23g	믹스콩 100g	
	토핑용 콩 조금	

미리 준비하기

달걀흰자는 사용하기 직전까지 냉장실에 보관해 차갑게 준비하세요.
달걀흰자를 제외한 모든 재료는 계량 후 실온에서 30분 정도 보관해 실온 상태가 되면 사용하세요.
슈가아이싱 재료는 케이크를 식히는 동안 섞어 준비하세요.
박력분과 쑥가루는 체 쳐서 준비하세요.

TIP

브랜디가 없으면 화이트럼이나 바닐라익스트랙트로 대체해도 무방해요.

머핀틀에 분량 외의 버터를 칠해 냉장실에 넣어둡니다.

볼에 실온의 버터를 풀고, 설탕A를 한 큰술씩 나눠 넣으며 원형주걱으로 섞어 크림화합니다.

달걀과 달걀노른자를 섞어 한 큰술씩 넣으며 원형주걱으로 매끈하게 섞습니다. 버터에 달걀이 완전히 섞인 뒤 다음 달걀을 넣어 버터와 분리되지 않게 합니다.

탈지분유와 아몬드가루를 넣어 고무주걱으로 가볍게 섞습니다.

다른 볼에 차갑게 보관한 달걀흰자를 넣고 설탕B를 3번에 나눠 넣으며 단단하고 밀도 있는 머랭을 만듭니다. 머랭의 끝이 부드럽게 휘는 정도로 만듭니다.

반죽에 머랭 1/3을 넣고 거품기로 아래에서 위로 퍼 올리며 마블상태가 되도록 섞다가 체 친 박력분과 쑥가루 1/2을 넣고 섞습니다.

같은 방법으로 머랭 1/3을 넣고 섞다가 가루류의 나머지 1/2을 넣어 섞습니다. 마지막으로 남은 머랭을 넣고 섞습니다.

머랭이 섞이면 브랜디를 넣고 고무주걱으로 가볍게 섞다가 치대듯이 재빨리 섞어 반죽을 매끈하게 정리합니다.

반죽을 짤주머니에 담아 머핀틀의 1/3 정도 채운 후 믹스콩을 골고루 넣습니다.

믹스콩 위에 나머지 반죽을 넣어 채웁니다. 가운데가 많이 부풀어 오르는 반죽이니 가운데 부분을 움푹 들어가게 만들고, 175℃ 오븐에서 25~30분간 굽습니다.

다 구운 케이크를 식힌 후 윗부분을 매끈하게 자릅니다. 케이크를 뒤집어 미리 준비한 슈가아이싱을 뿌리고, 토핑용 콩을 올리면 완성입니다.

Part 5

파이

Pie

푀이테

시판과자 버전으로 만든 푀이테예요. 보통은 푀이타주로 푀이테를 만들지만 배합을 조절해 부드럽게 파삭거리는 파이를 만들어보았어요. 더 달콤하게 즐기고 싶으신 분들은 초콜릿을 입혀 드셔보세요!

분량	오븐	맛있게 먹는 기간	보관방법
4cm	200℃	구운 날부터	밀봉
30개	13~15분	5일	상온

재료

푀이타주 라피드(26p) 1배합
토핑용 설탕 약간
코팅용 초콜릿 약간

미리 준비하기

푀이타주 라피드는 하루 전에 미리 만들어 숙성시켜주세요.

숙성한 푀이타주 라피드 반죽을 3절 접기한 후 가
로 15cm, 세로 13cm, 두께 8mm 정도가 되도록 밀
어줍니다.

가장 자리를 깔끔하게 잘라낸 후 가운데를 가로로
자르고, 너비 1cm 간격으로 길쭉하게 자릅니다.

잘라낸 반죽에 설탕을 듬뿍 묻힌 후 잘라낸 면이
위를 향하도록 팬에 올립니다. 200℃ 오븐에서
13~15분간 수분을 날리듯 굽습니다.

기호에 따라 녹인 초콜릿을 묻혀 테프론시트지 위
에 올려 굳히면 완성입니다.

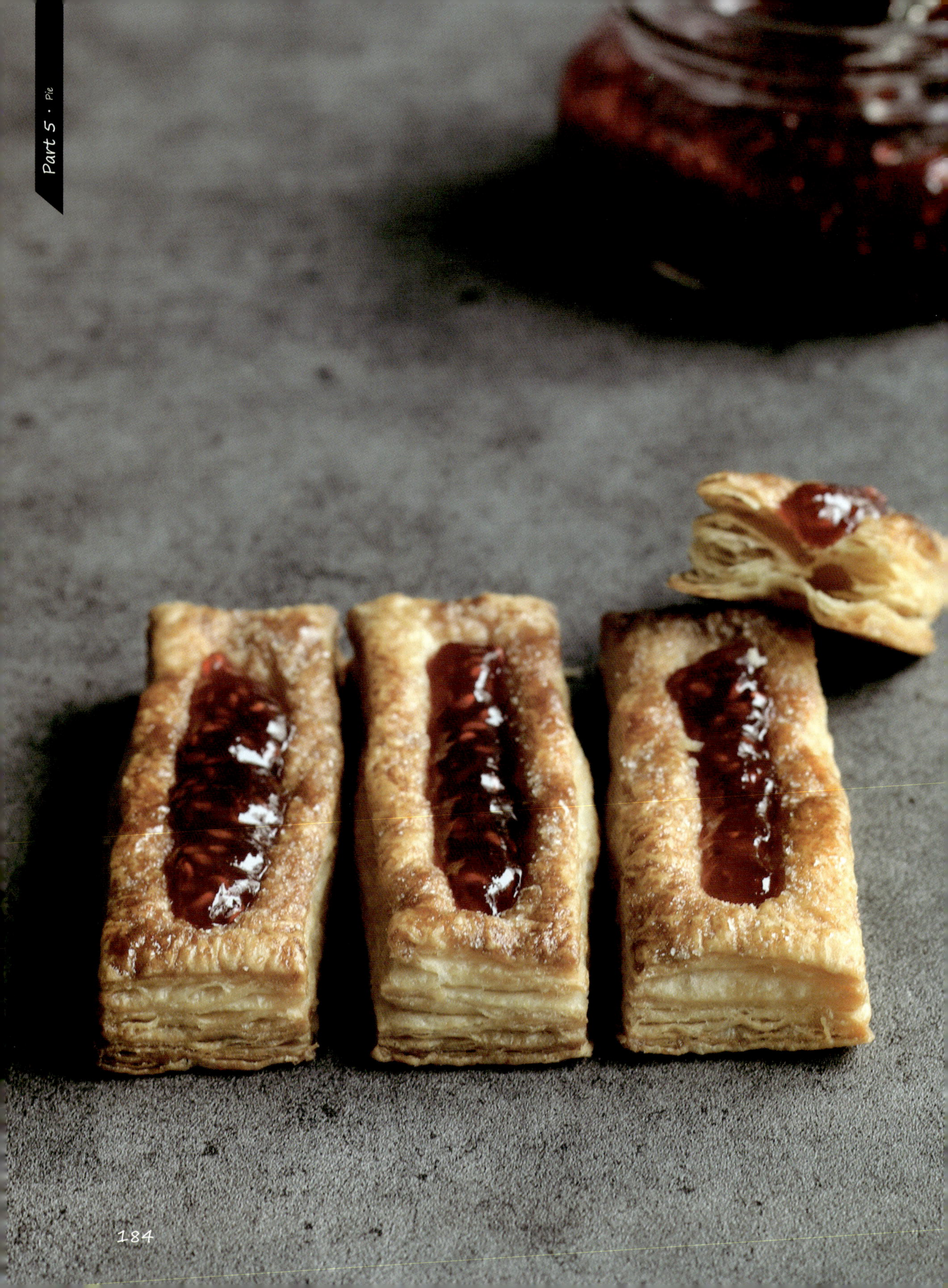

후람보아즈 파이

어린 시절을 생각나게 하는 파이에요. 파삭파삭하고 달콤한 이 파이를 먹을 때면 어찌나 행복하던지, 지금 생각해보면 즐거운 기억만 떠오르네요. 상큼한 후람보아즈잼 외에 다른 잼을 이용해서 만들면 또 다른 기분 좋은 파이를 만들 수 있어요.

분량	오븐	맛있게 먹는 기간	보관방법
10cm×4cm 10개	200℃ 13~15분	구운 날부터 2일	밀봉 상온

재료

푀이타주 라피드(26p) 1배합 토핑용 설탕 약간
후람보아즈잼 조금 달걀물 약간

미리 준비하기

푀이타주 라피드 반죽은 하루 전에 미리 만들어 숙성 후 3절 접기 해주세요.
달걀과 물을 1:1로 섞어 달걀물을 만들어 주세요.

3절 접기한 푀이타주 라피드 반죽을 2mm 두께로
밀어 준비합니다.

세로 10cm×가로 4cm로 반죽을 자릅니다.

반죽을 팬에 올린 후 손가락으로 반죽의 가운데 부
분을 바닥이 보일 때까지 꾹꾹 누릅니다.

반죽에 달걀물을 바른 후 설탕을 뿌리고, 200℃ 오
븐에서 13~15분간 굽습니다.

구운 파이가 식으면 후람보아즈잼이나 다른 잼을
움푹 들어간 부분에 짜면 완성입니다.

립파이

설탕을 듬뿍 묻힌 립파이는 달콤바삭해서 옆에 끼고 먹고 싶은 과자랍니다. 꼭 나뭇잎 모양이 아니어도 상관없어요. 원형이든, 사각이든 좋아하는 모양으로 만들어보세요.

분량	오븐	맛있게 먹는 기간	보관방법
4cm	200℃	구운 날부터	밀봉
22~25개	13~15분	5일	상온

재료

푀이타주 라피드(26p) 1배합
토핑용 설탕 적당히

미리 준비하기

푀이타주 라피드 반죽은 하루 전에 미리 만들어 숙성 후 3절 접기 해주세요.

도마 위에 설탕을 듬뿍 올리고 3절 접기를 한 푀이 타주 라피드를 올립니다.

밀대로 반죽을 3mm 두께로 밀어줍니다.

스파이크 롤러로 피케를 한 후에 나뭇잎 모양이나 타원형 모양의 쿠키커터로 찍어냅니다.

찍어낸 반죽에 칼로 나뭇잎 모양을 냅니다.

반죽을 팬에 올린 후 200℃ 오븐에서 13~15분간 구우면 완성입니다.

자두 파이

새콤한 파이의 최고봉은 자두 파이가 아닐까 싶어요. 씹는 식감을 더 높이고 싶다면 천도복숭아나 일반 복숭아를 넣어도 좋고, 사과나 파인애플 등 다른 여러 과일도 상관없답니다. 좋아하는 과일로 맛있는 파이를 구워보세요.

분량	오븐	맛있게 먹는 기간	보관방법
20cm	190℃	구운 당일	밀봉
1개	20~25분		상온

재료

파트 브리제(24p) 1배합	달걀물 약간	**자두필링**
크렘 다망드(28p) 100g	설탕 약간	자두 6개
		설탕 15g

미리 준비하기

파트 브리제와 크렘 다망드는 하루 전에 미리 만들어 숙성시켜주세요.
달걀과 물을 1:1로 섞어 달걀물을 만들어 주세요.

TIP

자두필링을 만들 때, 취향에 따라 시나몬가루를 조금 넣어도 좋아요.

자두는 씨를 제거하고 6~8등분해서 설탕을 넣고 가볍게 섞어 30분 정도 절인 뒤, 수분을 제거합니다.

전날 만들어둔 파트 브리제를 랩을 싸놓은 그대로 밀대로 골고루 누르며 풀어줍니다.

랩을 벗기고, 반죽의 아래위로 비닐을 깔아 3mm 두께로 밀어줍니다.

크렘 다망드를 적당히 푼 뒤, 반죽의 가운데에 펼쳐 바릅니다.

크렘 다망드 위에 수분을 제거한 자두필링을 올립니다.

반죽을 가운데로 모아 자두를 잘 감싸고 달걀물을 바릅니다. 파트 브리제에만 설탕을 뿌려 190℃ 오븐에서 20~25분간 구우면 완성입니다.

고구마 아몬드 파이

고구마 이외에도 밤이나 단호박 등 다양한 재료를 활용해 만들 수 있는 달지 않은 파이에요. 크렘 다망드가 달지 않으니 부재료인 고구마를 좀 더 달달하게 해서 넣어도 좋답니다. 겉은 바삭하고 속은 촉촉한 고구마 아몬드 파이 한번 맛보시겠어요?

분량	오븐	맛있게 먹는 기간	보관방법
8cm 원형틀	185℃	구운 당일	밀봉
4개	35분		상온

재료

푀이타주 라피드(26p) 1.5배합

고구마 크렘 다망드
크렘 다망드(28p) 150g
고구마 100g
화이트럼 5g

고구마 조림
고구마 50g
설탕 25g
물 50g

미리 준비하기

푀이타주 라피드는 하루 전에 미리 만들어 숙성 후 3절 접기해 냉장해두세요.
크렘 다망드는 하루 전 미리 만들어 숙성시켜주세요.
고구마는 미리 삶아 으깨 준비하세요.

TIP

원형틀 대신 머핀틀을 이용해도 돼요. 7cm 머핀틀을 이용할 때는 푀이타주 라피드 반죽의 크기를 11cm×11cm로 만들어 주세요.

197

냄비에 2~3cm로 깍둑썰기한 고구마와 설탕, 물을 넣어 조렸다가 식힌 후 체에 걸러 물기를 제거합니다.

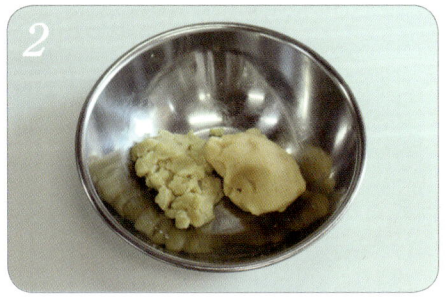

삶아서 으깬 고구마는 전날 만들어둔 크렘 다망드와 가볍게 섞은 후, 화이트럼을 넣어 섞습니다.

원형틀 안쪽에 분량 외의 버터를 칠하고, 냉장실에 보관합니다.

푀이타주 라피드 반죽을 5mm 두께로 밀어 12cm×12cm로 자르고, 반죽 위에 고구마 크렘 다망드와 식힌 고구마 조림을 올립니다.

고구마 조림 사이사이에 다시 고구마 크렘 다망드를 짜서 채웁니다.

반죽의 모서리를 가운데로 모아 붙입니다. 사진과 같은 모양이 아니더라도 자연스럽게 맞물리면 됩니다.

반죽의 모서리를 접어 버터를 칠한 틀에 넣고,
185℃ 오븐에서 35분간 구우면 완성입니다.

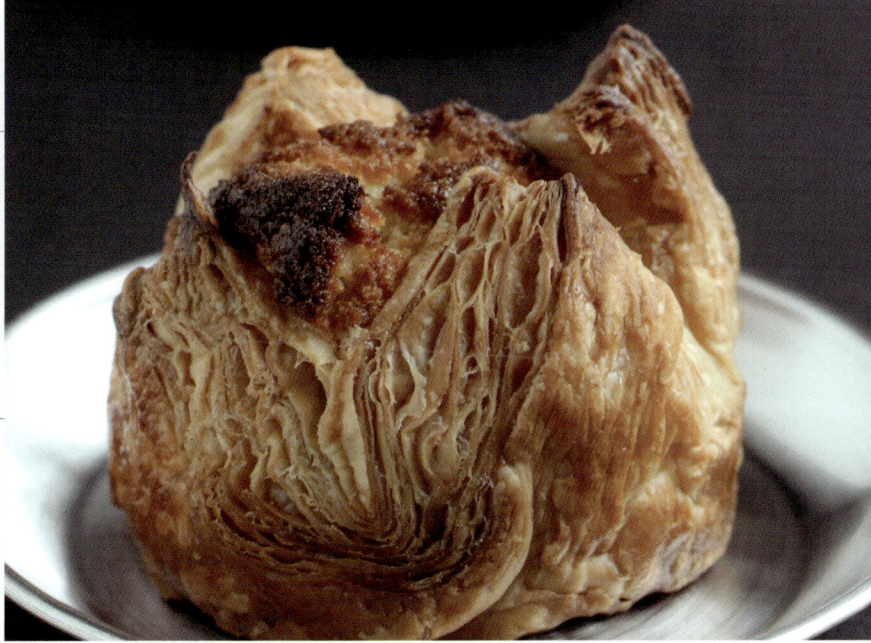

흑설탕 호두 파이

바삭한 파이지만 있으면 후다닥 만들 수 있는 호두 파이에요. 일반적인 호두 파이와는 달리 흑설탕 필링만 만들어 파이지에 올리면 끝이랍니다.

분량	오븐	맛있게 먹는 기간	보관방법
12cm 원형 타르트틀 15cm 사각 타르트틀 각 1개씩	190℃ 15~17분	구운 다음날부터 2일	밀봉 상온

재료

파트 브리제(24p) 1배합
호두반태 200g

흑설탕 필링
유기농 흑설탕 250g
물 50g
버터 50g

미리 준비하기

파트 브리제 반죽은 하루 전에 미리 만들어 숙성시켜주세요.

TIP

일반 흑설탕을 사용하면 당도가 훨씬 높아지고 전혀 다른 풍미가 날 수 있어요. 되도록이면 비정제 유기농 흑설탕을 사용해주세요.
흑설탕 필링을 너무 높은 온도에서 끓이게 되면 설탕이 재결정되어 굳어버리기 때문에 호두를 섞지 못할 수 있어요. 필링을 만들 때는 점도를 잘 확인하고, 만약 굳었다면 물을 조금 더 넣어 다시 끓이세요.

호두반태를 깨끗이 씻어서 말린 후 180℃ 오븐에서
5~8분간 가볍게 굽습니다.

파트 브리제 1배합을 2개로 나눠 밀어준 후, 원형과
사각 타르트틀에 밀착시켜 피케한 뒤 1시간 정도
냉장실에서 휴지시킵니다.

파이지 위에 노루지를 깔고 타르트돌을 올립니다.
타르트돌을 너무 많이 올리면 파이지 바닥면이 익
지 않으니 적당히 올립니다.

190℃ 오븐에 넣고 8~10분간 구운 후 타르트돌을
빼고 바닥면에 갈색이 돌 때까지 5~7분간 더 구워
식힙니다.

파이지가 식으면 냄비에 유기농 흑설탕과 버터, 물
을 넣고 110℃까지 올려 흑설탕 필링을 만듭니다.

불에서 내리자마자 구워둔 호두반태를 넣어 흑설
탕 필링을 골고루 묻힙니다.

7

파이지 위에 호두를 듬뿍 올리면 완성입니다. 기호에 따라 필링이 묻은 호두만 올려도 되고, 달콤한 필링과 함께 듬뿍 올려도 됩니다.

에그 파이

파삭파삭한 파이지와 은은한 향을 주는 바닐라빈이 들어간 부드러운 필링은 너무나 사랑스러운 조합이죠. 바닐라빈은 달걀의 비릿한 냄새를 없애주기 때문에 달걀이 많이 들어가는 에그 파이에서는 빠져서는 안 되는 중요한 재료랍니다.

분량	오븐	맛있게 먹는 기간	보관방법
낮은 머핀틀 8개	180℃ 15~20분 파트 브리제 190℃ 10분 굽고 다시 5분	구운 당일	상온

재료

파트 브리제(24p) 2배합

필링
우유 140g
생크림 100g
바닐라빈 1/2개

설탕 70g
달걀노른자 74g
전분 2.5g
코팅용 달걀노른자 1~2개

미리 준비하기

파트 브리제 반죽은 하루 전에 미리 1배합씩 2개를 만들어 숙성시켜주세요.

TIP

파트 브리제 2배합을 한 덩어리로 만들면 밀기도 힘들뿐더러 온도가 올라가 재빠른 작업이 어려울 수 있으니 1배합씩 만들어 냉장실에 넣어두고 한 덩어리씩 꺼내 작업하세요.
구운 파이지에 달걀노른자를 바르면 파이지에 난 혹시 모를 구멍을 막고, 방수 역할을 해 바삭함을 유지할 수 있어요.

랩으로 감싸 숙성시킨 파트 브리제를 90°로 돌리면서 밀대로 눌러 반죽을 풀다가, 랩을 벗겨 반죽의 위아래에 비닐을 깔고 3mm 두께로 밀어줍니다.

지름 10cm 원형 쿠키커터로 반죽을 찍어냅니다. 온도가 높으면 반죽이 질척해질 수 있으니 찍어낸 반죽은 냉장실에 넣어둡니다.

반죽을 틀에 넣어 밀착시킵니다. 반죽에 피케를 하지 않기 때문에 잘 밀착시켜야 합니다.

반죽 위에 머핀지를 올리고 타르트돌을 가득 채운 후 190℃ 오븐에서 10분간 굽고, 타르트돌과 머핀지를 제거하고 5분간 더 굽습니다.

다 구워진 파이지가 뜨거울 때 코팅용 달걀노른자를 골고루 바릅니다.

필링을 만듭니다. 냄비에 우유와 생크림, 바닐라빈, 설탕 1/2을 넣고 가볍게 끓입니다.

우유를 끓이는 동안 다른 볼에 달걀노른자와 설탕의 나머지 1/2을 넣고 가볍게 섞은 후 전분을 넣고 섞습니다.

볼에 끓인 우유를 조금씩 부으며 거품기로 잘 섞고, 체에 걸러 알끈과 바닐라빈 껍질을 제거합니다.

달걀노른자를 발라 준비한 파이지에 필링을 채운 후 180℃ 오븐에서 15~20분간 구우면 완성입니다.

밀푀유

'천 겹의 잎'이라는 의미의 밀푀유는 겹겹이 쌓인 파이지 사이에 달콤한 크림을 채워먹는 대표적인 디저트에요. 파이지가 너무 부풀어 바스러져도, 너무 딱딱해도 좋지 않기 때문에 처음에 파이지를 미는 게 어렵지만 익숙해지면 고급스러운 디저트를 쉽게 뚝딱! 만들 수 있을 거예요.

분량	오븐	맛있게 먹는 기간	보관방법
12cm×4cm×6cm 2개	200℃ 30~40분	구운 당일	냉장보관

재료 퓌이타주 라피드(26p) 1배합 　　　슈가파우더 적당량
크렘 디플로마트(32p) 1/2배합

미리 준비하기 퓌이타주 라피드는 하루 전에 미리 만들어 30cm×20cm로 민 뒤, 냉장으로 보관해주세요.

TIP 파이지가 너무 많이 부풀어 오르면 쉽게 부서져 자를 때 모양이나 먹을 때의 식감이 좋지 않기 때문에 구울 때 식힘망을 꼭 넣어주세요.

크렘 디플로마트에 사용할 크렘 파티시에는 미리 만들어서 식혀둡니다(30p 참고).

미리 만들어 차갑게 준비한 푀이타주 라피드에 포크나 스파이크 롤러를 이용해서 구멍을 냅니다.

파이지를 200℃ 오븐에 넣어 30~40분간 가운데까지 노릇노릇하게 굽습니다. 굽다가 가장자리부터 부풀어 오르기 시작하면 반죽 위에 식힘망을 올려 너무 부풀어 오르지 않게 합니다.

노릇노릇하게 구운 파이지를 오븐에서 꺼내 슈가파우더를 듬뿍 뿌린 뒤, 230℃로 올린 오븐에 5분 정도 넣어 캐러멜라이즈합니다.

캐러멜라이즈까지 끝낸 파이지는 충분히 식히고 12cm×4cm로 자릅니다.

미리 만들어둔 크렘 파티시에에 휘핑한 생크림을 섞어 크렘 디플로마트를 만들고, 1cm 깍지를 끼운 짤주머니에 넣습니다.

7

잘라둔 파이지 2장에 크렘 디플로마트를 모양대로
짭니다.

8

맨 윗부분이 될 마지막 장에는 원하는 모양의 종이
를 대고 슈가파우더를 뿌려 장식한 뒤 3장을 겹치
면 완성입니다.

키쉬

다소 생소할 수 있는 프랑스식 디저트 키쉬에요. 식사대용으로 먹을 수 있는 파이로, 바삭한 파이지와 달걀찜 같은 아파레이유가 우리의 입맛에도 잘 맞는답니다. 냉장고에 있는 여러 가지 채소와 치즈, 햄, 고기를 이용해 만들어보세요.

분량	오븐	맛있게 먹는 기간	보관방법
15cm 무스링 1개	170℃ 30~40분 파트 브리제 190℃ 10~15분 굽고 다시 10분	구운 당일	밀봉 냉장

재료

키쉬용 파트 브리제 (24p) 1배합
코팅용 달걀노른자 1~2개

아파레이유
우유 90g
생크림 90g
달걀 80g
달걀노른자 20g
요플레 40g

소금 2g
간 통후추 1g
넛맥 한 꼬집
속재료
햄, 베이컨, 양파, 버섯,
각종 채소 적당히

미리 준비하기

키쉬용 파트 브리제 반죽과 아파레이유는 하루 전에 미리 만들어 숙성시켜주세요.

213

아파레이유를 만듭니다. 볼에 후추와 소금, 넛맥을 제외한 모든 재료를 한꺼번에 섞고 하루 숙성합니다.

숙성시킨 아파레이유를 사용하기 전에 체에 걸러 알끈을 제거하고 후추와 소금, 넛맥을 넣어 섞습니다.

속재료를 준비합니다. 햄과 베이컨은 버터를 조금 넣어 볶고, 남은 기름에 양파도 볶습니다. 버섯류는 뜨거운 물에 1분 정도 데쳐 물기를 제거하고, 채소들은 작게 잘라 준비합니다.

하루 전날 미리 준비한 파트 브리제는 비닐을 이용해 4mm 두께로 밀어줍니다.

아래쪽 비닐을 뗀 후 무스링에 올려 끼웁니다. 바닥 코너 부분을 신경 써서 꼼꼼하게 끼웁니다.

나머지 비닐을 제거한 후 미니 스패츌러나 칼등을 이용해 틀 위로 올라온 반죽을 정리하고 포크로 구멍을 냅니다.

노루지를 반죽 위에 깔고 누름돌을 올린 후 190℃ 오븐에서 10~15분간 굽습니다. 가장자리가 노릇노릇해지면 누름돌과 노루지를 빼고 10분간 더 굽습니다.

오븐에서 꺼내자마자 코팅용 달걀노른자를 바닥과 옆면에 넉넉히 발라 아파레이유가 새지 않도록 코팅합니다. 더 바짝 마르게 하고 싶으면 오븐에 30초 정도 넣어도 좋습니다.

파트 브리제에 미리 준비해둔 속재료와 아파레이유를 넣고 170℃ 오븐에서 30~40분간 굽습니다. 꼬치로 가운데를 찔렀을 때 재료가 묻어나지 않으면 완성입니다.

콩베르사시옹

콩베르사시옹. 영어로는 conversation이라는 뜻으로 대화라는 의미입니다. 프랑스에서는 대화를 하고 싶을 때 손가락으로 X표시를 한다고 하는데요. 가족이나 친구와 대화를 원할 때 이 과자를 만들어 보는 건 어떨까요?

분량	오븐	맛있게 먹는 기간	보관방법
에그 타르트틀 4개	180℃ 40~45분	구운 당일	밀봉 상온

재료

뛰이타주 라피드(26p) 1배합
크렘 다망드(28p) 140g
다크럼 7g

글라스 로얄(슈가아이싱)
슈가파우더 50g
달걀흰자 8~10g
박력분 5g

미리 준비하기

뛰이타주 라피드는 하루 전에 미리 만들어 숙성 후 3mm 두께로 밀어주세요.
크렘 다망드는 하루 전에 미리 만들어 숙성시켜주세요.

TIP

뛰이타주 라피드 반죽은 전부 냉장이나 냉동으로 보관하고 필요한 반죽만 꺼내서 사용하세요.
글라스 로얄 반죽은 굉장히 되직해요. 때문에 반죽 위에 올릴 때 매끈하게 발리지 않는데요. 시간이 지나면 자연스럽게 반죽이 매끈해지니 걱정하지 마세요.

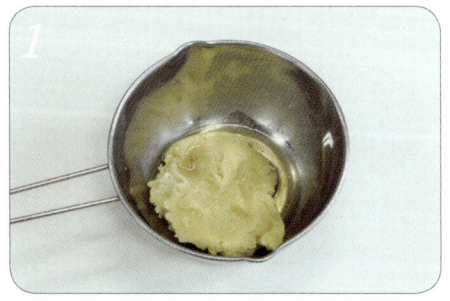

전날 미리 만들어 숙성시킨 크렘 다망드는 필요한 양만큼 덜어 풀어준 후 다크럼을 넣어 섞습니다.

미리 만들어 둔 뵈이타주 라피드를 8cm 원형 4장, 9cm 원형 4장, 9cm×2mm 막대 16개로 잘라 준비합니다.

에그 타르트틀에 9cm 원형 파이지를 밀착시키고 포크로 골고루 구멍을 냅니다.

파이지 위에 크렘 다망드를 35g씩 넣고, 가장자리에 물을 바릅니다.

그 위에 8cm 원형 파이지를 올려 밀대로 눌러 밀착시키고, 잘라진 반죽들은 떼어냅니다.

완성된 반죽들은 냉장실에 넣어서 1시간 이상 휴지시킵니다.

글라스 로얄을 만듭니다. 분량의 재료들을 한꺼번에 모두 섞어 준비합니다.

냉장실에서 휴지시킨 반죽을 꺼내 글라스 로얄 반죽을 조금씩 올려 미니 스크래퍼로 펴 바릅니다.

글라스 로얄 위에 냉장실에 보관해둔 9cm 막대 파이지를 X자 모양으로 올려 180℃ 오븐에서 40~45분간 구우면 완성입니다.

유자 갈레트 데 루아

왕의 과자라는 뜻의 갈레트 데 루아는 프랑스 공현절에 먹었던 축제 음식이라고 해요. 갈레트 안에 페브 (feve)라고 하는 도기인형을 넣어 구워서, 그 인형이 들어간 과자를 먹게 되는 사람이 그날의 왕이 된다고 합니다. 그럼 우리도 우리의 왕을 뽑아 볼까요?

분량	오븐	맛있게 먹는 기간	보관방법
18cm 원형틀 1개	200℃ 예열 180℃ 40~45분	구운 다음날부터 3일	밀봉 상온

재료

푀이타주 라피드(26p) 2배합	유자청 40g	달걀물 약간
크렘 다망드(28p) 220g	믹스콩 100g	슈가파우더 적당량

미리 준비하기

푀이타주 라피드는 1배합씩 2장을 3mm 두께로 밀어 하루 전날 준비하세요.
크렘 다망드는 하루 전에 미리 만들어 숙성시켜주세요.
유자청은 건더기만 거른 뒤 다져서 준비하세요.
달걀노른자와 물을 1:1로 섞어 달걀물을 만들어 주세요.
오븐은 200℃로 예열해 두었다가 반죽을 구울 때 180℃로 내려주세요.

미리 만들어둔 크렘 다망드를 주걱으로 풀어준 후, 다진 유자청을 넣어 섞고 짤주머니에 담습니다.

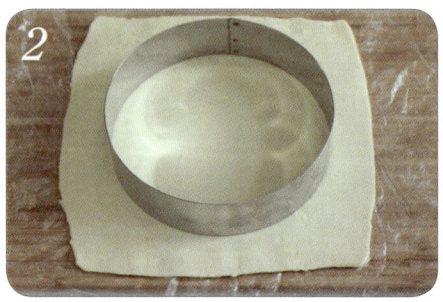

준비한 푀이타주 라피드 위에 18cm 원형틀을 올려 살짝 찍어 모양을 냅니다.

자국 낸 원형 안에 크렘 다망드를 반 정도 짜고 믹스콩을 촘촘하게 가득 올립니다.

믹스콩 위에 남은 크렘 다망드를 전부 다 올린 후 돔 형태로 다듬습니다.

다른 푀이타주 라피드를 크렘 다망드 위에 덮어 윗면을 돔형태로 만들고 가장자리 부분을 손가락으로 지그시 눌러 파이지 두 장을 밀착시킵니다.

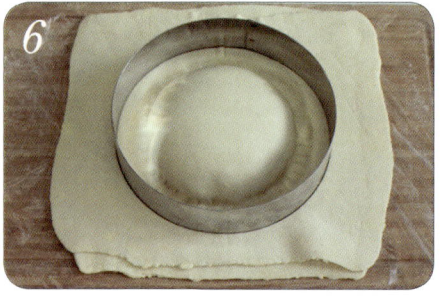

반죽 위에 18cm 원형틀을 올린 후 꾹 눌러 반죽을 잘라냅니다.

반죽 가장자리에 칼등을 이용해 5mm 간격으로 칼집을 냅니다.

반죽에 달걀물을 바른 후 냉장실에서 1시간 정도 휴지시킵니다.

휴지 후 한 번 더 달걀물을 바르고 칼등으로 반죽에 무늬를 냅니다.

칼끝으로 무늬 아래쪽을 3~4군데 찔러 수분이 빠져나갈 공간을 만들고, 200℃로 예열한 오븐에 넣고 180℃로 내려서 40~45분간 굽습니다.

다 구워진 갈레트를 오븐에서 꺼내 슈가파우더를 듬뿍 뿌린 뒤, 220℃로 올린 오븐에 5분 정도 넣어 캐러멜라이즈하면 완성입니다.

Part 6

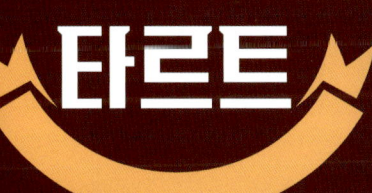

타르트

Tarte

오렌지 타르트

단맛이 부족한 여름 오렌지를 더 달달하고, 상큼하게 먹을 수 있는 맛있는 오렌지 타르트입니다. 취향에 따라 오렌지가 아닌 자몽으로 만들어도 무척 맛있겠죠?

분량	오븐	맛있게 먹는 기간	보관방법
7cm 원형 타르트틀 4개	180℃ 15~18분 파트 슈크레 180℃ 10~12분	구운 날부터 2일	밀봉 상온

재료

파트 슈크레(21p) 100g
크렘 다망드(28p) 100g
소보로(33p) 15g
피스타치오분태 조금
토핑용 슈가파우더 조금

오렌지 절임

오렌지 1개
물 75g
설탕 45g
쿠앵트로 5g

**미리
준비하기**

파트 슈크레와 크렘 다망드는 하루 전에 미리 만들어 숙성시켜주세요
오렌지 절임과 소보로도 하루 전에 미리 만들어 준비하세요.

물과 설탕을 가볍게 끓여 식힌 후, 쿠앵트로와 오렌지 과육을 넣어 하루 정도 절여둡니다.

오렌지 절임은 사용하기 전에 과육을 키친타월에 올려 물기를 제거합니다.

파트 슈크레 반죽을 타르트틀에 밀착시키고, 바닥에 포크로 구멍을 냅니다.

반죽 위에 머핀지를 올리고, 타르트돌을 넣은 후 180℃ 오븐에서 10~12분간 굽습니다.

타르트 시트가 60% 정도 구워졌으면 오븐에서 꺼내 식히고, 크렘 다망드를 80% 정도 짜서 채웁니다.

크렘 다망드 위에 오렌지 절임과 소보로를 올린 후 180℃ 오븐에서 15~18분간 구워 식힙니다. 그 위에 슈가파우더와 피스타치오분태로 장식하면 완성입니다.

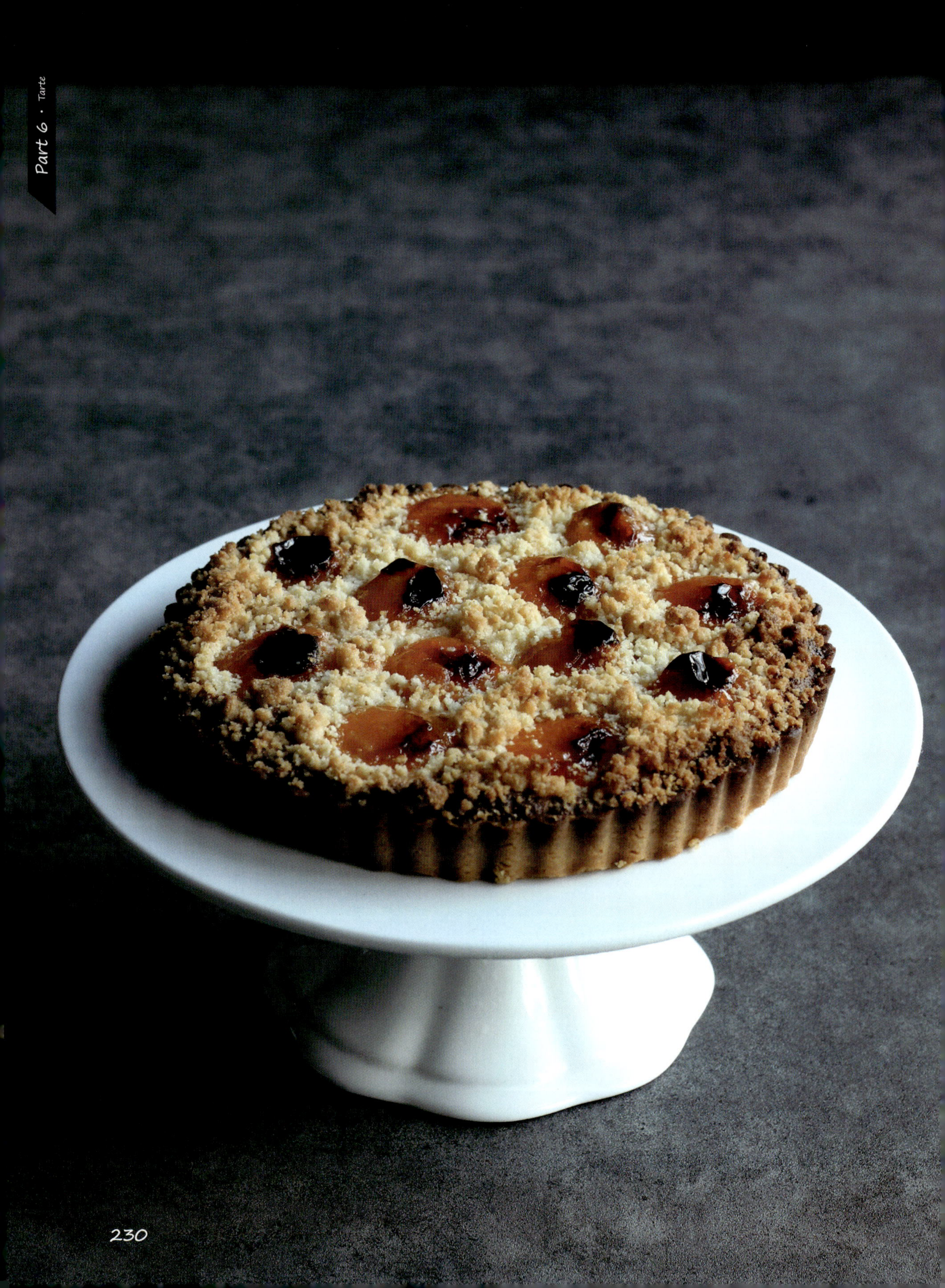

살구 아몬드 타르트

살캉살캉 씹히는 살구조림을 넣은 살구 타르트입니다. 씹는 맛이 마치 젤리 같아서 그냥 먹어도 아주 맛
있어요. 타르트를 한 입, 한 입 베어 물 때마다 같이 씹히는 살구가 먹는 재미를 더해준답니다.

분량	오븐	맛있게 먹는 기간	보관방법
21cm 원형 타르트틀 1개	170℃ 30~35분	구운 날부터 2일	밀봉 상온

재료

파트 슈크레(21p) 1배합
크렘 다망드(28p) 230g
소보로(33p) 40g
통조림 살구 10~14개

살구 조림
건살구 125g
설탕 18g

물 92g
패션프루츠 퓨레 20g

**미리
준비하기**

파트 슈크레와 크렘 다망드는 하루 전에 미리 만들어 숙성시켜주세요.
소보로도 미리 만들어 준비하세요.

TIP

살구 조림을 만들 때 패션프루츠 퓨레는 반드시 넣어야 해요. 없다면 레몬즙으로 대체 가능하니
빼놓지 말고 꼭 넣어주세요.

파트 슈크레를 만들어 애벌로 굽습니다. 윗면이 노란빛이 나고, 가장자리가 노릇하게 구워진 정도면 됩니다.

살구 조림을 만듭니다. 냄비에 사방 1cm로 자른 건살구와 설탕, 물, 패션프루츠 퓨레를 넣고 자박하게 조리다가 말캉말캉한 젤리 같은 질감이 나면 불에서 내려 식힙니다.

통조림 살구를 키친타월에 올려 물기를 제거합니다.

애벌로 구워놓은 파트 슈크레 위에 식힌 살구 조림을 올립니다.

미리 준비한 크렘 다망드를 잘 풀어서 살구 조림 위에 올리고, 윗면을 매끈하게 정리합니다.

통조림 살구를 올리고, 살구 사이사이에 소보로를 올립니다. 170℃ 오븐에서 30~35분간 구우면 완성입니다.

서양배 타르트

우리나라 배와는 조금 다른 식감의 서양배는 한번 맛보면 그 특유의 향과 맛 때문에 자주 찾게 되는 재료 예요. 저도 개인적으로 무척이나 좋아하는데요. 특히 타르트로 드시면 더 맛있게 드실 수 있답니다.

분량	오븐	맛있게 먹는 기간	보관방법
21cm 원형 타르트틀 1개	170℃ 30~35분	구운 날부터 3일	밀봉 상온

재료

파트 슈크레(21p) 1배합
크렘 다망드(28p) 400g

통조림 서양배 4조각
소보로(33p) 35g

서브리모 조금

미리 준비하기

파트 슈크레와 크렘 다망드는 하루 전에 미리 만들어 숙성시켜주세요
소보로도 미리 만들어 준비하세요.

파트 슈크레를 만들어 애벌로 굽습니다. 윗면이 노란빛이 나고, 가장자리가 노릇하게 구워진 정도면 됩니다.

미리 준비한 크렘 다망드를 잘 풀어서 식혀 놓은 파트 슈크레 위에 올리고 윗면을 매끈하게 정리합니다.

통조림 서양배는 키친 타올에 올려 물기를 제거하고 2~3mm 두께로 슬라이스 합니다.

슬라이스 한 서양배를 크렘 다망드 위에 올립니다.

서양배 사이사이를 소보로로 채우고 170℃ 오븐에서 30~35분간 구워 식힙니다.

잘 구워 식힌 타르트에 붓으로 서브리모를 바르면 완성입니다.

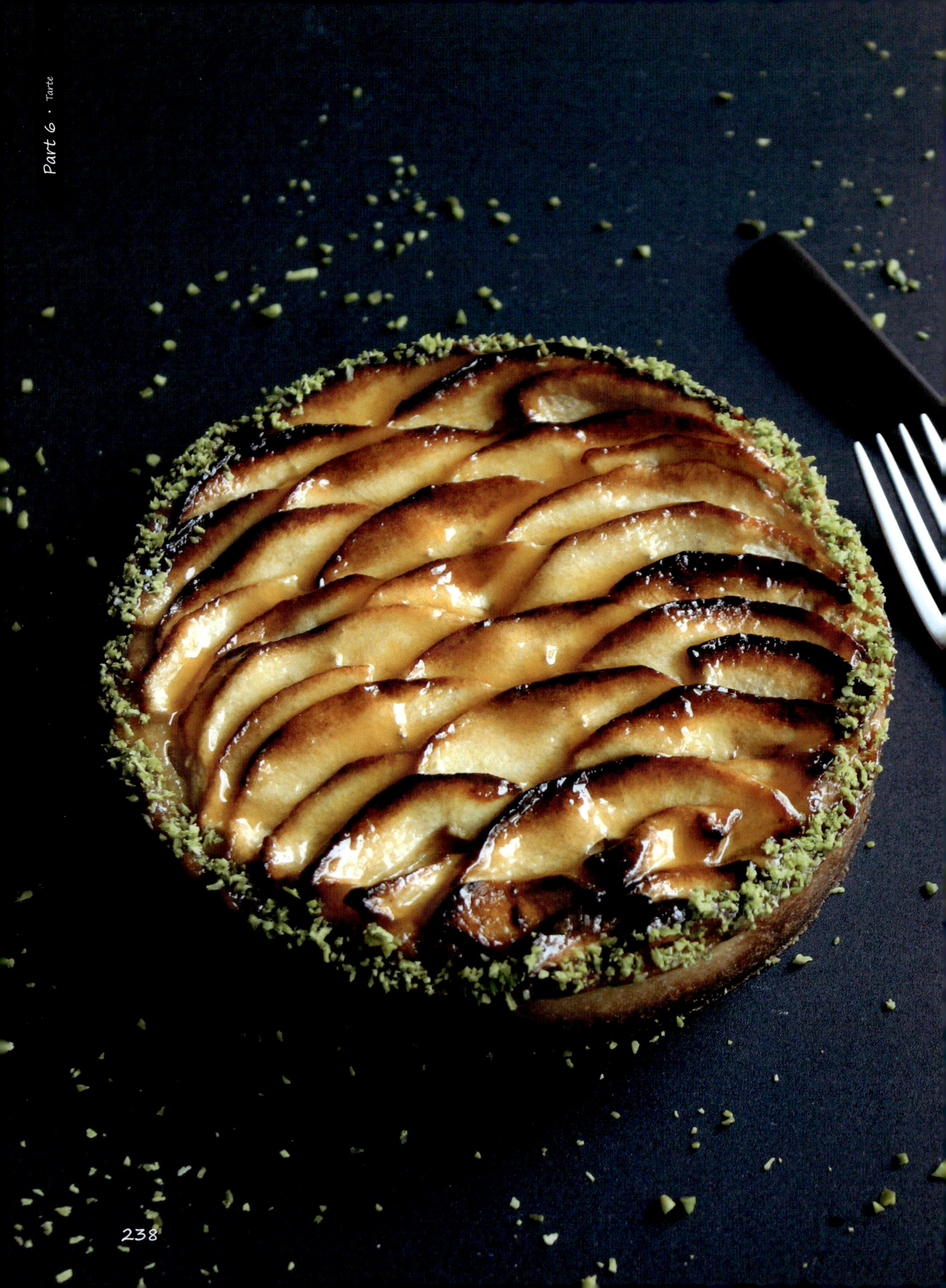

애플 피칸 타르트

사과가 많이 나오는 계절이면 어김없이 생각나는 애플 타르트! 더 고소한 맛을 내고 싶어 피칸을 넣었답니다. 로스팅한 피칸과 아몬드 크림, 그리고 아삭하고 상큼한 사과가 함께 어우러지는 입안을 상상해보세요.

분량	오븐	맛있게 먹는 기간	보관방법
14cm 원형 무스링 2개	170℃ 40분	구운 날부터 2일	밀봉 냉장

재료

파트 슈크레(21p) 1배합	사과 중간 크기 2개
크렘 다망드(28p) 1배합	녹인 버터 조금
피칸분태 80g	달걀물 조금

미리 준비하기

파트 슈크레와 크렘 다망드는 하루 전에 미리 만들어 숙성시켜주세요.
달걀과 물을 1:1로 섞어 달걀물을 만들어 주세요.

180℃ 오븐에서 피칸을 가볍게 굽고, 칼로 다져서 준비합니다.

파트 슈크레 반죽을 14cm 무스링에 팬닝하고, 바닥에 포크로 구멍을 냅니다.

구운 피칸을 넣어 바닥에 깔아줍니다.

크렘 다망드를 짤주머니에 넣어 피칸 위에 균일하게 짠 후 스패츌러로 다듬습니다.

사과는 가운데에 씨를 제거하고, 3mm 두께로 슬라이스해서 준비합니다.

크렘 다망드 위에 사과 슬라이스를 엇갈리게 올려 빈 공간이 없도록 잘 쌓아 채웁니다.

사과에 녹인 버터와 달걀물을 가볍게 바른 후
170℃ 오븐에서 40분간 구우면 완성입니다.

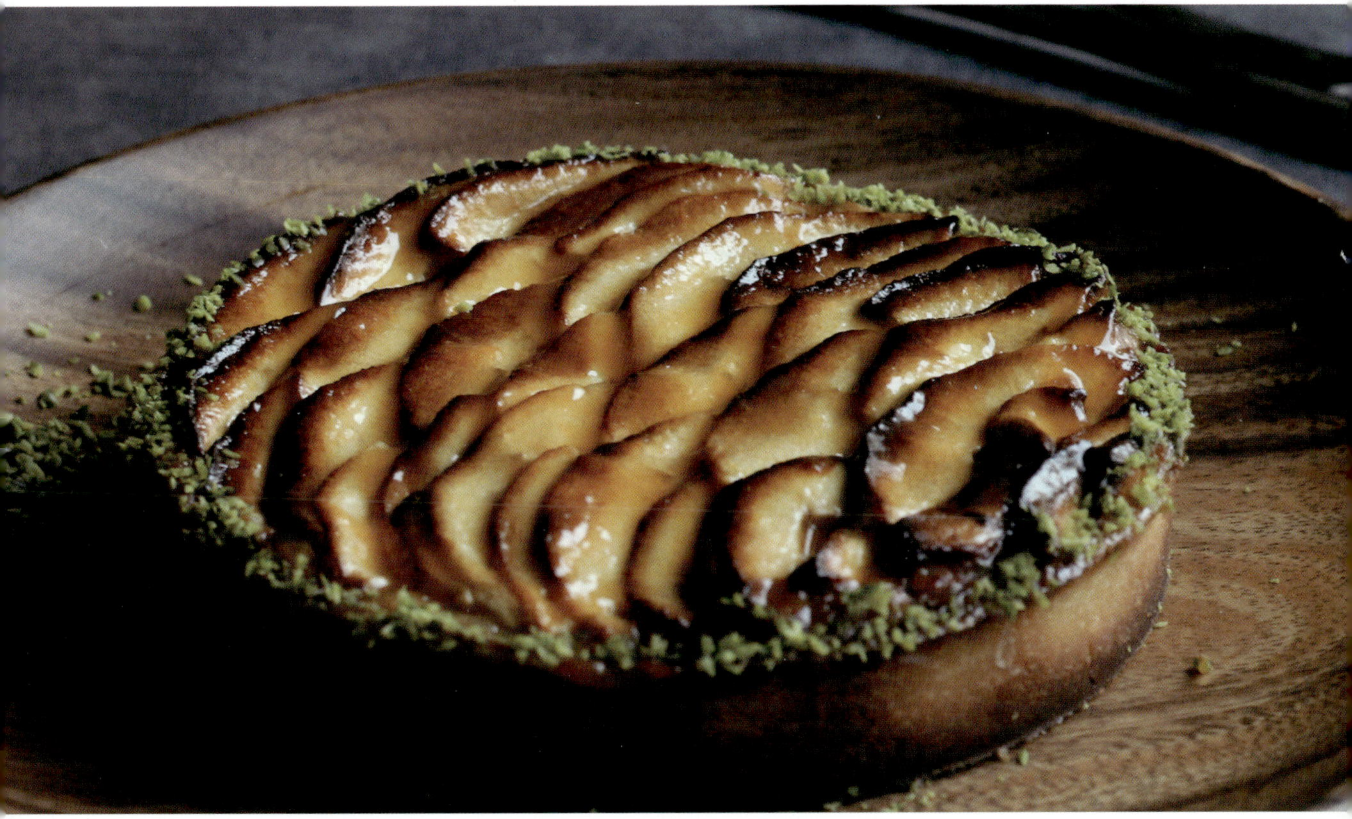

다쿠아즈 피스타치오 타르트

바삭한 타르트와 쫀득한 다쿠아즈를 한 번에 맛볼 수 있는 다쿠아즈 타르트예요. 타르트 안에는 피스타치오 아몬드 크림과 후람보아즈가 들어가 고소하고 상큼한 맛을 배로 즐길 수 있답니다. 여러 번 굽는 과정이 번거롭지만, 그래서 더 바삭하고 맛있어요.

분량	오븐	맛있게 먹는 기간	보관방법
7cm 원형 타르트틀 4개	피스타치오 크렘 다망드 180℃ 9~11분 다쿠아즈 180℃ 13~15분	구운 날부터 2일	밀봉 상온

재료

파트 슈크레(21p) 100g
냉동 후람보아즈 4~6알

피스타치오 크렘 다망드
크렘 다망드(28p) 115g
피스타치오 페이스트 9g

다쿠아즈
달걀흰자 50g
설탕 25g
아몬드가루 40g
슈가파우더 40g

**미리
준비하기**

파트 슈크레는 하루 전에 미리 만들어 숙성시킨 후, 25g씩 나눠 7cm 원형 타르트 시트 4개를 만드세요.
크렘 다망드는 하루 전에 미리 만들어 숙성시켜주세요.
달걀흰자는 사용하기 직전까지 냉장실에 보관해 차갑게 준비하세요.
아몬드가루와 슈가파우더는 체 쳐서 준비하세요.

TIP

파트 슈크레를 미리 굽지 않고, 생지 위에 크렘 다망드를 올려 구워도 되지만(180℃ 오븐에서 15~20분), 두 번 나눠 구우면 좀 더 바삭한 식감의 타르트를 만들 수 있어요.

미니 파트 슈크레를 만들어 애벌로 굽습니다. 여러 번 구울 예정이니 최대한 가볍게 굽습니다.

볼에 크렘 다망드를 넣어 가볍게 풀고, 피스타치오 페이스트를 넣고 섞어 피스타치오 크렘 다망드를 만듭니다.

미니 파트 슈크레에 피스타치오 크렘 다망드를 나눠 넣고, 냉동 후람보아즈를 작게 잘라 올린 후 살짝 누릅니다. 그리고 180℃ 오븐에서 9~11분간 굽습니다.

다쿠아즈를 만듭니다. 볼에 달걀흰자를 넣고 믹싱기로 가볍게 풀어준 후 설탕을 2번에 나눠 넣으며 단단한 머랭을 만듭니다.

체 친 아몬드가루와 슈가파우더를 넣고 고무주걱으로 자르듯이 섞다가 날가루가 없어지면 7mm 원형깍지를 끼운 짤주머니에 반죽을 넣습니다.

한 김 식힌 타르트 위에 다쿠아즈를 모양대로 짠 후 분량 외의 슈가파우더를 듬뿍 뿌립니다.

2분이 지난 후 한 번 더 슈가파우더를 뿌리고,
180℃ 오븐에서 13~15분간 더 구우면 완성입니다.

무화과 앵가디너

호두 타르트와 비슷한 앵가디너예요. 필링 속에 와인에 절인 건무화과를 넣었더니, 씹히는 맛과 향이 고급스럽고 감칠맛이 난답니다. 톡톡톡 씹히는 재미도 있어요.

분량	오븐	맛있게 먹는 기간	보관방법
15cm 원형 타르트틀 1개	180℃ 20분	구운 날부터 3일	밀봉 상온

재료

파트 슈크레(21p) 400g	메이플시럽 35g	무화과 와인 절임(36p) 60g
생크림 90g	소금 1g	달걀노른자 1개
설탕 54g	호두분태 65g	커피엑기스 2방울

미리 준비하기

파트 슈크레 반죽은 200g씩 2개로 나눈 뒤, 5mm 두께로 밀어 사용하기 전까지 냉장실에 보관하세요.
무화과 와인 절임은 일주일 전에 미리 만들어 준비하세요.
호두분태는 오븐에 살짝 구워 준비하세요.

파트 슈크레 반죽 하나를 타르트틀에 팬닝한 후, 오븐에서 60% 정도만 구워 식힙니다.

미리 준비한 무화과 와인 절임은 키친타월에 올려 물기를 빼고, 호두분태는 로스팅한 후 식혀 준비합니다.

생크림과 메이플시럽, 설탕, 소금을 냄비에 넣어 끓이다가, 호두를 넣고 중불에서 저으면서 조립니다.

적당히 조린 뒤 무화과를 넣고 자박해질 때까지 중불에서 더 조립니다. 충전물이 완성되면 완전히 식힙니다.

식은 충전물을 미리 구워 준비한 타르트 위에 올립니다.

냉장실에 넣어두었던 나머지 파트 슈크레 반죽을 타르트 위에 올려 덮고, 손가락으로 눌러 가장자리를 잘라냅니다.

달걀노른자와 커피엑기스를 섞어 만든 달걀물을
반죽 위에 바릅니다.

나무꼬지를 이용해 반죽에 모양을 내고, 180℃ 오
븐에서 20분간 구우면 완성입니다.

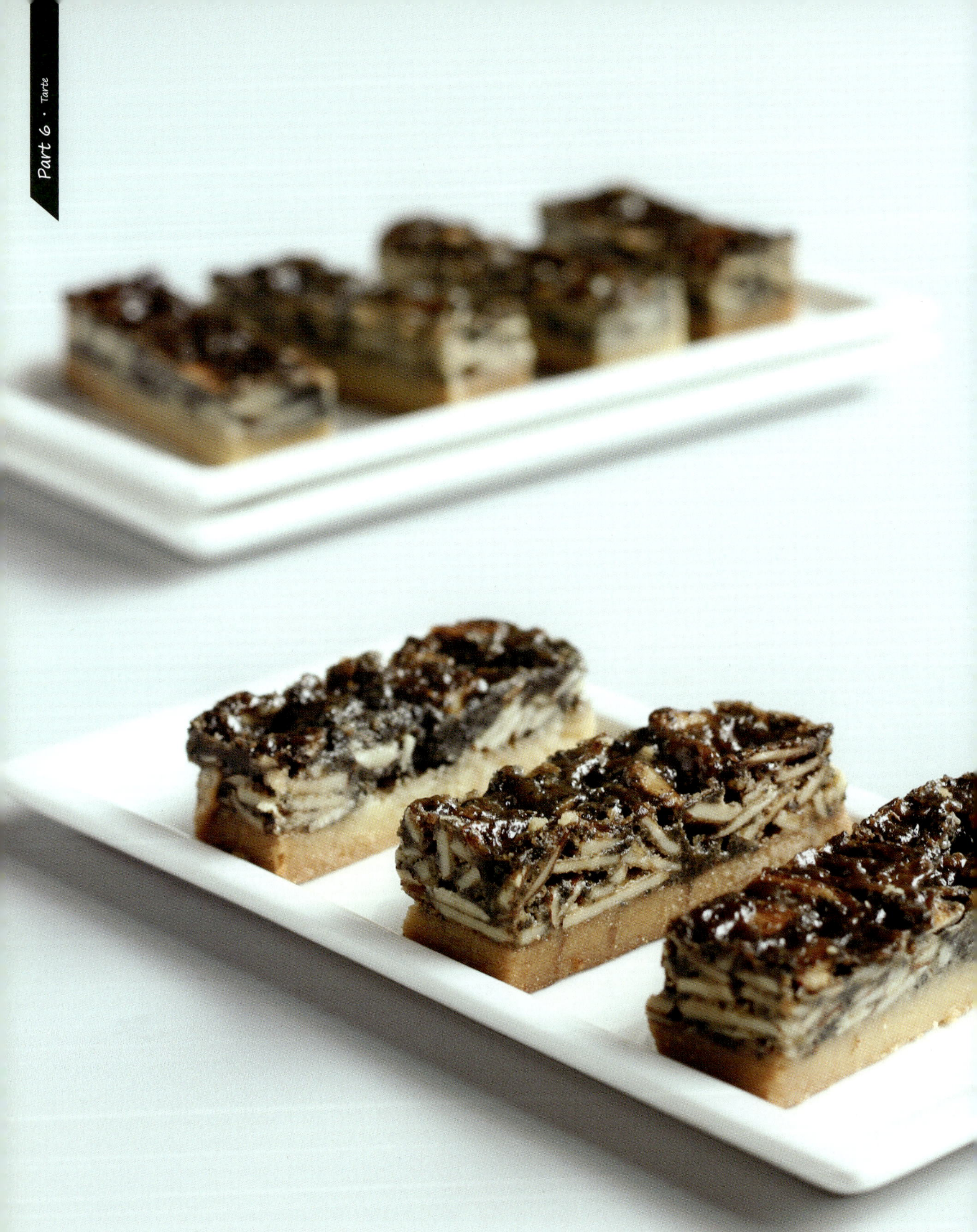

흑임자 플로랑탱

파트 슈크레를 이용해 만든 플로랑탱은 달콤한 누가를 입힌 이탈리아의 구움과자인데, 흑임자가루를 넣어 고소함을 더했어요. 파트 슈크레로 간단히 만들 수 있는 플로랑탱을 함께 구워볼까요?

분량	오븐	맛있게 먹는 기간	보관방법
15cm×15cm	170℃ 20~25분	구운 날부터	밀봉
무스틀 1개	파트 슈크레	5일	상온
	180℃ 10~15분		

재료

파트 슈크레(21p) 1배합

아몬드 누가
버터 50g
설탕 60g
꿀 30g
생크림 80g

소금 0.5g
아몬드슬라이스 100g
흑임자가루 30g

미리 준비하기

파트 슈크레 반죽은 하루 전에 미리 만들어 숙성시켜주세요.

TIP

아몬드 누가가 끈적이기 때문에 유산지나 노루지보다는 종이호일이 적합해요.
아몬드 누가를 조릴 때, 온도계가 있다면 105~110℃ 사이로 맞춰 조리세요.
흑임자 때문에 윗면에 구움 색이 잘 안 보이니 타지 않도록 제품의 상태를 확인하며 구우세요.

파트 슈크레 반죽을 5mm 두께로 밀고 무스틀로 찍어 자른 뒤, 180℃ 오븐에서 10~15분간 구워 식힙니다. 반죽의 60~70% 정도 구워지면 됩니다.

종이호일을 무스틀에 맞게 잘라 넣고, 식힌 파트 슈크레를 틀 안에 넣습니다.

냄비에 버터와 설탕, 꿀, 생크림, 소금을 넣고 끓이다가 처음 색보다 누렇고 끈적임이 생기면 불에서 내립니다. 너무 오래 조리면 딱딱해질 수 있으니 주의합니다.

흑임자가루와 아몬드슬라이스를 넣고 가볍게 섞어 아몬드 누가를 만듭니다.

완성된 아몬드 누가를 파트 슈크레 위에 올리고, 170℃ 오븐에서 20~25분간 구우면 완성입니다.

Part 7

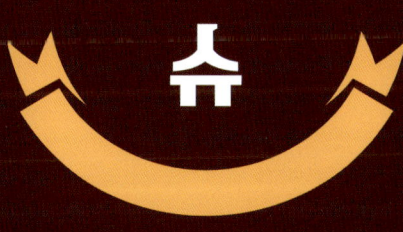

Choux

스톤 슈

저는 부드러운 슈보다는 식감이 좋은 쿠키슈를 더 선호하는 편이에요. 냉장실에 넣어 시원하게 먹어도 맛있지만, 냉동실에 넣어뒀다 먹으면 마치 아이스크림 같아서 아이들 여름방학 간식으로 딱 좋아요.

분량	오븐	맛있게 먹는 기간	보관방법
10cm 8개	200℃ 예열 170℃ 30~35분	구운 당일	냉장보관

재료

파트 샤블레(쿠키 반죽)
버터 40g
설탕 40g
박력분 40g

파트 아 슈
우유 35g
물 35g
버터 35g
소금 1g
박력분 52g
달걀 70~75g

크렘 디플로마트(슈 크림)
크렘 파티시에(30p) 350g
생크림 120g

미리 준비하기

모든 재료는 계량 후 실온에서 30분 정도 보관해 실온 상태가 되면 사용하세요.
크렘 파티시에는 미리 만들어 준비하세요.
오븐은 200℃로 예열해 두었다가 반죽을 구울 때 170℃로 내려주세요.
박력분은 체 쳐서 준비하세요.

TIP

반죽의 크기에 따라 굽는 시간이나 온도가 달라질 수 있으니 참고하세요.
슈 반죽을 구울 때는 절대로 중간에 오븐을 열지마세요. 오븐을 열면 열기가 빠져나가 슈가 가라앉을 수 있답니다.

파트 샤블레(쿠키 반죽)를 만듭니다. 볼에 실온의 버터를 풀고, 설탕을 한 큰술씩 나눠 넣으며 원형 주걱으로 섞어 크림화합니다.

체 친 박력분을 넣고, 고무주걱으로 11자를 그리며 한 덩어리가 되도록 섞습니다.

반죽을 비닐 사이에 넣어 2~3mm 두께로 밀고, 냉장실이나 냉동실에 넣어 단단히 굳힙니다.

굳은 반죽을 5.5cm 쿠키커터로 찍어 사용직전까지 냉장실이나 냉동실에 보관합니다. 슈 반죽의 크기와 비슷한 지름사이즈로 찍어내면 됩니다.

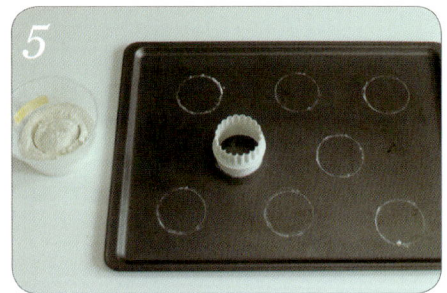

5.5cm 쿠키커터에 밀가루를 묻혀 팬에 모양을 냅니다.

파트 아 슈를 만듭니다. 냄비에 우유와 물, 버터, 소금을 넣은 후 약불로 버터를 녹입니다.

버터가 다 녹으면 강불로 올려 가운데까지 충분히 끓이고, 거품이 냄비 위쪽으로 올라오면 불에서 내립니다.

불에서 내리자마자 체 친 박력분을 한 번에 넣고, 원형주걱이나 나무주걱으로 반죽을 냄비 옆면에 30초 정도 힘차게 치대면서 한 덩어리로 만듭니다.

다시 강불에 올려 반죽을 볶듯이 굴리고, 냄비 바닥에 하얀 막이 생기면 불에서 내립니다.

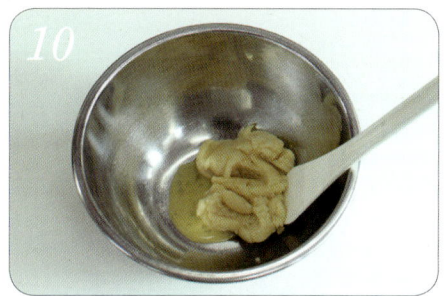

반죽을 볼에 옮긴 후 달걀을 조금씩 넣으며 원형주걱으로 섞습니다. 달걀이 1/3 정도 남았을 때는 처음보다 더 조금씩 넣으며 반죽의 질기를 조절합니다.

한 주걱 크게 떠서 들어 올렸을 때, 매끈하고 조금은 긴 듯한 'V' 모양이 되면 달걀을 그만 넣습니다.

1cm 원형깍지를 끼운 짤주머니에 반죽을 넣고, 팬의 1cm 높이에서 표시한 크기에 맞도록 반죽을 두툼하게 짜줍니다.

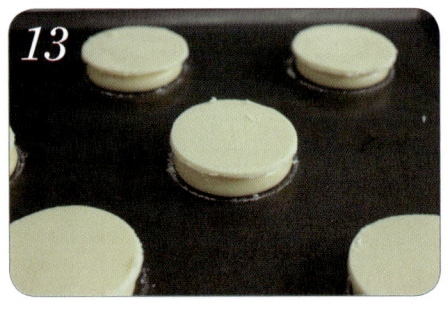

냉장실에 보관해둔 파트 샤블레를 꺼내 파트 아 슈 위에 올리고, 200℃로 예열한 오븐에 넣어 170℃로 내려서 30~35분간 굽습니다.

크렘 디플로마트(슈 크림)를 만듭니다. 미리 만들어 둔 크렘 파티시에를 볼에 넣어 거품기로 매끈하고 윤기가 날 때까지 풀어줍니다(30p 참고).

다른 볼에 생크림을 넣고, 끝이 짧고 단단한 거품 이 생길 때까지 휘핑합니다.

크렘 파티시에에 휘핑한 생크림을 2번에 나눠 넣으 며 매끈한 슈크림을 만듭니다.

구워놓은 쿠키 슈 바닥에 뾰족한 도구를 이용해 구 멍을 뚫고 슈크림을 짤주머니에 담아 슈에 가득 채 우면 완성입니다.

파이 슈

파이지 위에 슈를 올려 구운 파이 슈입니다. 부드러운 크림이 듬뿍 들어간 슈와 파삭한 파이지가 너무 맛
있어요. 스톤 슈처럼 얼려먹으면 바삭하고 부드러운 아이스크림을 먹는 것 같아요. 슈 안에 꼭 크림을 가
득 채워주세요.

  분량 8cm×8cm×7cm 6개	 **오븐** 200℃ 예열 180℃ 35~40분	 **맛있게 먹는 기간** 구운 당일	 **보관방법** 냉장보관

재료

푀이타주 라피드(26p) 1배합 달걀물 약간	**파트 아 슈**(258p 6번부터) 우유 30g 물 30g 버터 30g 소금 0.7g 박력분 39g 달걀 52~57g	**크렘 디플로마트**(32p) 우유 225g 바닐라빈 1.5개 달걀노른자 90g 설탕 113g 콘스타치 23g 버터 36g 생크림 150g

미리 준비하기

전날 푀이타주 라피드 반죽을 만들어 3mm 두께로 민 뒤, 11cm×11cm로 6장을 만들어 냉장실이
나 냉동실에 보관하세요.
파트 아 슈 재료는 계량 후 실온에서 30분 정도 보관해 실온 상태가 되면 사용하세요.
달걀과 물을 1:1로 섞어 달걀물을 만들어 주세요.
오븐은 200℃로 예열해 두었다가 반죽을 구울 때 180℃로 내려주세요.

TIP

슈를 짤 부분의 파이지를 손으로 꾹꾹 누르고 기공을 내면 파이지의 바닥부분이 부풀어 모양이
일그러지는 것을 방지할 수 있고, 파트 아 슈 부분에 열이 빨리 전달돼요.
슈 반죽을 구울 때는 절대로 중간에 오븐을 열지마세요. 오븐을 열면 열기가 빠져나가 슈가 가라
앉을 수 있답니다.

1

전날 미리 만들어둔 푀이타주 라피드 반죽에 5.5cm 원형 쿠키커터를 이용해서 슈를 짤 부분을 표시합니다.

2

표시한 부분을 손가락으로 꾹꾹 누르고 포크로 기공을 내, 파트 아 슈를 만들 때까지 냉장실에 넣어 둡니다.

3

파트 아 슈를 만들어 1cm 원형깍지를 끼운 짤주머니에 담습니다(258p 6번부터 참고).

4

냉장실에 넣어두었던 파이지 위에 슈를 짜고 달걀물을 바릅니다.

5

파이지의 모서리 끝을 가운데로 모아, 200℃로 예열한 오븐에 넣고 180℃로 내려서 35~40분간 굽습니다.

6

파이지가 구워지는 동안 크렘 파티시에를 만들어 냉장고에 식힙니다(30p 참고).

잘 구운 파이 슈를 식히는 동안 쫀쫀하고 탄력 있는 생크림을 만들어 크렘 파티시에에 섞어 크렘 디플로마트를 만듭니다.

7mm 깍지를 끼운 짤주머니에 크렘 디플로마트를 넣습니다.

뾰족한 깍지로 파이와 슈 사이에 구멍을 뚫고 크렘 디플로마트를 가득 짜면 완성입니다.

초코 슈게트

우리나라에 공갈빵이 있다면, 프랑스에는 슈게트가 있습니다. 슈와 비슷하지만 안에 아무 크림도 넣지 않고, 위에 올린 설탕으로만 맛을 내는 과자인데요. 프랑스의 대표적인 국민과자 슈게트를 만들어보세요.

분량	오븐	맛있게 먹는 기간	보관방법
4cm	190℃ 예열	구운 날부터	밀봉
26~30개	170℃ 20~25분	2일	상온

재료

초코 파트 아 슈(258p 6번부터)
우유 35g
물 35g
버터 35g

소금 1g
박력분 48g
코코아가루 3g
달걀 68~72g

우박설탕 조금
달걀물 조금

미리 준비하기

모든 재료는 계량 후 실온에서 30분 정도 보관해 실온 상태가 되면 사용하세요.
오븐은 190℃로 예열해 두었다가 반죽을 구울 때 170℃로 내려주세요.
3~4cm 원형 쿠키틀에 밀가루를 묻혀 팬에 모양을 내주세요.
달걀과 물을 1:1로 섞어 달걀물을 만들어 주세요.

TIP

슈 반죽을 구울 때는 절대로 중간에 오븐을 열지마세요. 오븐을 열면 열기가 빠져나가 슈가 가라앉을 수 있답니다.

스톤 슈의 6번 과정부터 참고해 초코 파트 아 슈를 만듭니다. 매끈하고 조금은 긴 듯한 'V'가 되도록 달걀로 반죽의 되기를 조절합니다.

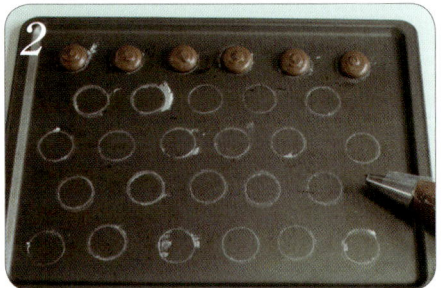

1cm 원형깍지를 끼운 짤주머니에 반죽을 넣고, 팬의 동그란 자국 크기에 맞게 반죽을 짜줍니다.

붓으로 반죽 윗면에 달걀물을 바릅니다.

분무기로 분량 외의 물을 듬뿍 뿌린 후 우박설탕을 올리고, 190℃로 예열한 오븐에 넣어 170℃로 내려서 20~25분간 구우면 완성입니다.

에클레어

원형의 슈에서 모양을 조금만 달리하면 멋진 에클레어를 만들 수 있어요. 에클레어 사이에 크렘 디플로마트를 넣어도 맛있고, 프랄리네 크림을 넣어도 좋아요.

분량	오븐	맛있게 먹는 기간	보관방법
13cm 12개	200℃ 예열 170℃ 20~25분	구운 당일	냉장보관

재료

파트 샤블레(256p) 1배합
파트 아 슈(256p) 1배합

크렘 샹티
생크림 300g
설탕 45g

미리 준비하기

모든 재료는 계량 후 실온에서 30분 정도 보관해 실온 상태가 되면 사용하세요.
오븐은 200℃로 예열해 두었다가 반죽을 구울 때 170℃로 내려주세요.

TIP

크림위에 과일을 올리거나, 에클레어를 자르지 않고 속에 크렘 디플로마트를 넣어도 맛있어요.
슈 반죽을 구울 때는 절대로 중간에 오븐을 열지마세요. 오븐을 열면 열기가 빠져나가 슈가 가라앉을 수 있답니다.

파트 샤블레(258p 1번부터)를 만들어 2~3mm 두께로 넓게 밀고 에클레어틀로 찍어, 사용하기 전까지 냉동실에 넣어둡니다.

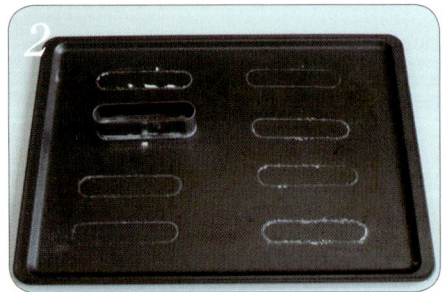

에클레어틀에 밀가루를 묻혀 팬에 모양을 냅니다.

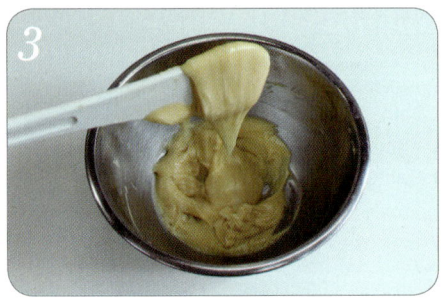

파트 아 슈를 만듭니다(258p 6번부터). 스톤 슈, 파리 브레스트, 슈게트보다 반죽을 되게 해 긴 'V'보단 일반적인 'v'모양이 되도록 합니다.

상투깍지를 끼운 짤주머니에 반죽을 담습니다.

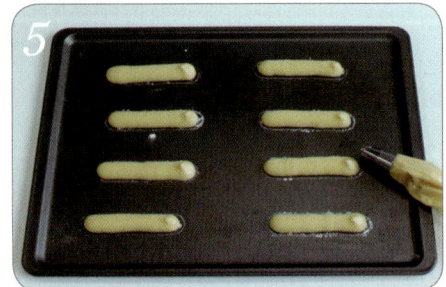

깍지 끝을 팬에 대고 에클레어틀의 모양대로 반죽을 짭니다. 깍지를 팬에 붙여서 짜지 않으면 바닥이 뜨고, 모양이 찌그러지니 주의합니다.

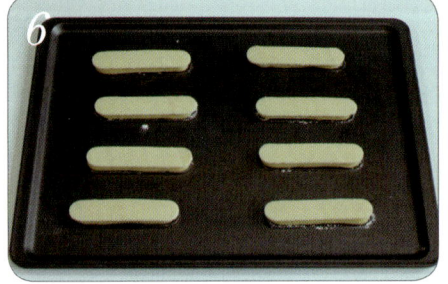

짠 반죽 위에 냉동실에 넣어둔 파트 샤블레를 올립니다. 200℃로 예열한 오븐에 넣고 170℃로 내려 20~25분간 구워 식힙니다.

식은 에클레어 옆에 1.5cm 각봉을 세워 슈 껍질의
윗면을 자릅니다.

크렘 샹티를 만듭니다. 볼에 생크림과 설탕을 넣고
단단한 크림을 만들어 상투깍지를 끼운 짤주머니
에 넣습니다.

자른 에클레어 안에 크렘 샹티를 모양을 내며 짜면
완성입니다.

파리 브레스트

파리 브레스트는 파리에서부터 브레스트, 그리고 다시 파리까지 이어졌던 자전거 경기를 기념하기 위해 만들어졌어요. 슈 사이에 프랄리네 크림을 넣어 먹는 원형 모양의 슈인데 원하는 크기로 다양하게 만들어 보세요.

분량	오븐	맛있게 먹는 기간	보관방법
15cm 원형 슈 2개 3cm 슈 12개	200℃ 예열 180℃ 30~35분	구운 당일	냉장보관

재료

파트 아 슈(256p) 1.5배합
아몬드슬라이스 적당량
달걀물 약간

프랄리네 크림
크렘 파티시에(30p) 290~300g
아몬드 프랄린 48g

버터 100g
화이트럼 7g

미리 준비하기

모든 재료는 계량 후 실온에서 30분 정도 보관해 실온 상태가 되면 사용하세요.
오븐은 200℃로 예열해 두었다가 반죽을 구울 때 180℃로 내려주세요.
달걀과 물을 1:1로 섞어 달걀물을 만들어 주세요.

TIP

아몬드 프랄린 대신 헤이즐넛 프랄린을 사용해도 돼요.
슈를 구울 때는 절대로 중간에 오븐을 열지 마세요. 오븐을 열면 열기가 빠져나가 슈가 가라앉을 수 있어요.

10cm 원형 쿠키커터에 밀가루를 묻혀 팬에 모양을 냅니다.

파트 아 슈((258p 6번부터)를 만들어 1cm 원형 깍지를 끼운 짤주머니에 반죽을 넣습니다.

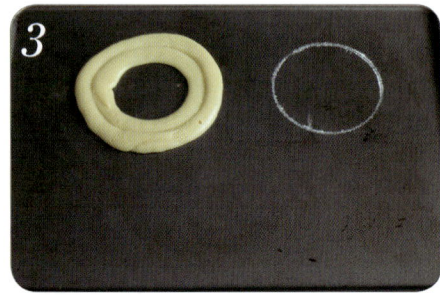

반죽을 팬에 밀착시켜 선 안쪽에 한번, 선 바깥쪽에 한번 짭니다. 반죽이 바닥에 밀착되지 않으면 슈 반죽이 떠서 모양이 일그러질 수 있으니 약간 눌러 짭니다.

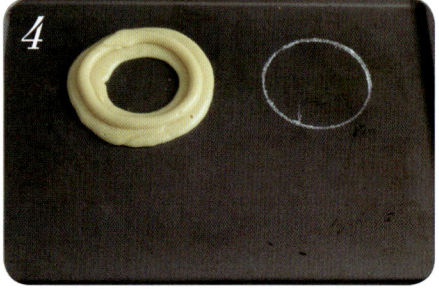

2줄로 짠 원형 가운데에 다시 한 번 반죽을 짭니다. 이번에는 원형의 모양이 살아있도록 누르지 않고 짭니다.

같은 모양으로 한 개를 더 짜고, 남은 반죽으로 3cm 길이의 슈를 12개 짭니다. 이때도 바닥에 밀착시켜 짭니다.

반죽에 달걀물을 바르고, 원형 모양의 반죽에만 물을 묻힌 포크로 반죽들을 밀착시킵니다.

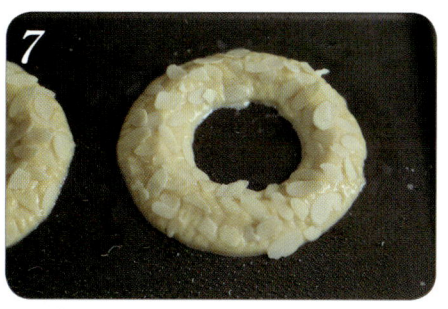

반죽에 분무기로 물을 뿌리고 아몬드슬라이스를 붙입니다. 한 번 더 물을 뿌려, 200℃로 예열한 오븐에 넣고 180℃로 내려서 30~35분간 구워서 식힙니다.

슈를 굽는 동안 프랄리네 크림을 만듭니다. 크렘 파티시에(30p 참고)를 만들어 식힌 후 덩어리가 없도록 풀고, 아몬드 프랄린을 넣어 섞습니다.

실온의 버터를 넣고 섞은 후 화이트럼을 넣어 매끈하게 섞습니다.

별깍지를 끼운 짤주머니에 프랄리네 크림을 담습니다.

완전히 식은 슈는 각봉을 이용해서 반으로 잘라 아래쪽 슈에 프랄리네 크림을 짭니다.

크림 위에 작게 짜서 만든 슈를 올립니다.

작은 슈를 감싸듯이 바깥쪽과 안쪽에 프랄리네 크
림을 짜서 덮습니다.

그 위에 잘라두었던 슈 껍질을 올리면 완성입니다.

Part 8

기타 구움과자

Extra

말차 크림치즈 스콘

진한 말차와 부드러운 크림치즈가 잘 어울리는 스콘이에요. 크림치즈에 간을 하지 않아 달지 않지만, 소보로를 올려 심심하지 않은 스콘으로 만들었어요. 레시피보다 소금을 조금 더 추가해도 맛있답니다.

분량	오븐	맛있게 먹는 기간	보관방법
10cm×4cm 8개	175℃ 25~30분	구운 날부터 1일	밀봉 상온

재료

박력분 200g
말차가루 5g
베이킹파우더 8g
소금 2g

설탕 30g
버터 90g
우유 80g
크림치즈 100g

소보로(33p) 60g

**미리
준비하기**

버터는 깍둑썰기 후 냉장실에 보관해 차갑게 사용하세요.
버터를 제외한 모든 재료는 계량 후 실온에서 30분 정도 보관해 실온 상태가 되면 사용하세요.
소보로는 미리 만들어 준비하세요.
박력분, 말차가루, 베이킹파우더는 체 쳐서 준비하세요.

볼에 체 친 박력분과 말차가루, 베이킹파우더를 넣고, 설탕과 소금, 깍둑썰기한 버터를 넣고 가볍게 섞은 후 손으로 버터를 눌러 으깨면서 비벼 소보로 상태로 만듭니다.

우유를 2번에 나눠 넣으며 스크래퍼로 자르듯이 섞습니다.

고무주걱으로 깔끔하게 반죽을 정리한 후 크림치즈를 조금씩 떼어 넣습니다.

대충 한 덩어리로 뭉친 후 랩을 씌워 냉장실에서 1시간에서 하루 정도 숙성시킵니다.

반죽의 랩을 벗기고, 2cm 두께가 되도록 밀대로 밀어줍니다.

반죽을 8등분하고, 미리 만들어 둔 소보로를 올립니다. 175℃ 오븐에서 25~30분간 구우면 완성입니다.

피칸 통밀 스콘

부드러운 스콘도 좋지만, 가끔은 목이 메는 스콘이 생각나요. 뻑뻑한 스콘과 시원한 우유 한잔! 최고의 조합이죠? 구수한 통밀과 고소한 피칸이 어우러져 담백함에 자꾸만 생각나는 스콘으로 만들어보았어요.

분량	오븐	맛있게 먹는 기간	보관방법
20cm	190℃	구운 날부터	밀봉
12개	20분	2일	상온

재료

버터 100g	베이킹파우더 12g	달걀 70g
강력분 180g	소금 3g	우유 150g
박력분 180g	설탕 55g	피칸분태 130g
통밀가루 130g	메이플시럽 60g	슈가파우더 적당량

미리 준비하기

버터는 깍둑썰기 후 냉장실에 보관해 차갑게 사용하세요.
피칸은 로스팅 한 후 칼로 크게 다져주세요.
버터를 제외한 모든 재료는 계량 후 실온에서 30분 정도 보관해 실온 상태가 되면 사용하세요.
강력분, 박력분, 통밀가루, 베이킹파우더는 체 쳐서 준비하세요.

TIP

반죽을 냉장실에서 오래 숙성시킬수록 반죽 내의 수분이 골고루 퍼져 스콘의 식감이 좋아져요.

볼에 체 친 강력분과 박력분, 통밀가루, 베이킹파우더를 넣고 차가운 버터와 소금, 설탕을 넣은 뒤, 손으로 버터를 눌러 으깨면서 비벼 소보로 상태로 만듭니다.

메이플시럽과 달걀, 우유를 3번에 나눠 넣으며 스크래퍼로 자르듯이 골고루 섞습니다.

날가루가 없게 섞이면 미리 로스팅한 피칸을 넣고 골고루 섞습니다.

반죽을 한 덩어리로 동그랗게 뭉쳐 랩으로 싼 후, 냉장실에서 3시간에서 하루 정도 휴지시킵니다.

휴지한 반죽을 2cm 두께가 되도록 밀대로 밀어준 후 칼로 12등분합니다.

반죽 위에 분량 외의 우유를 붓으로 바릅니다.

그 위에 슈가파우더를 듬뿍 뿌립니다.

반죽을 팬에 올린 후 190℃ 오븐에서 20분간 구우면 완성입니다.

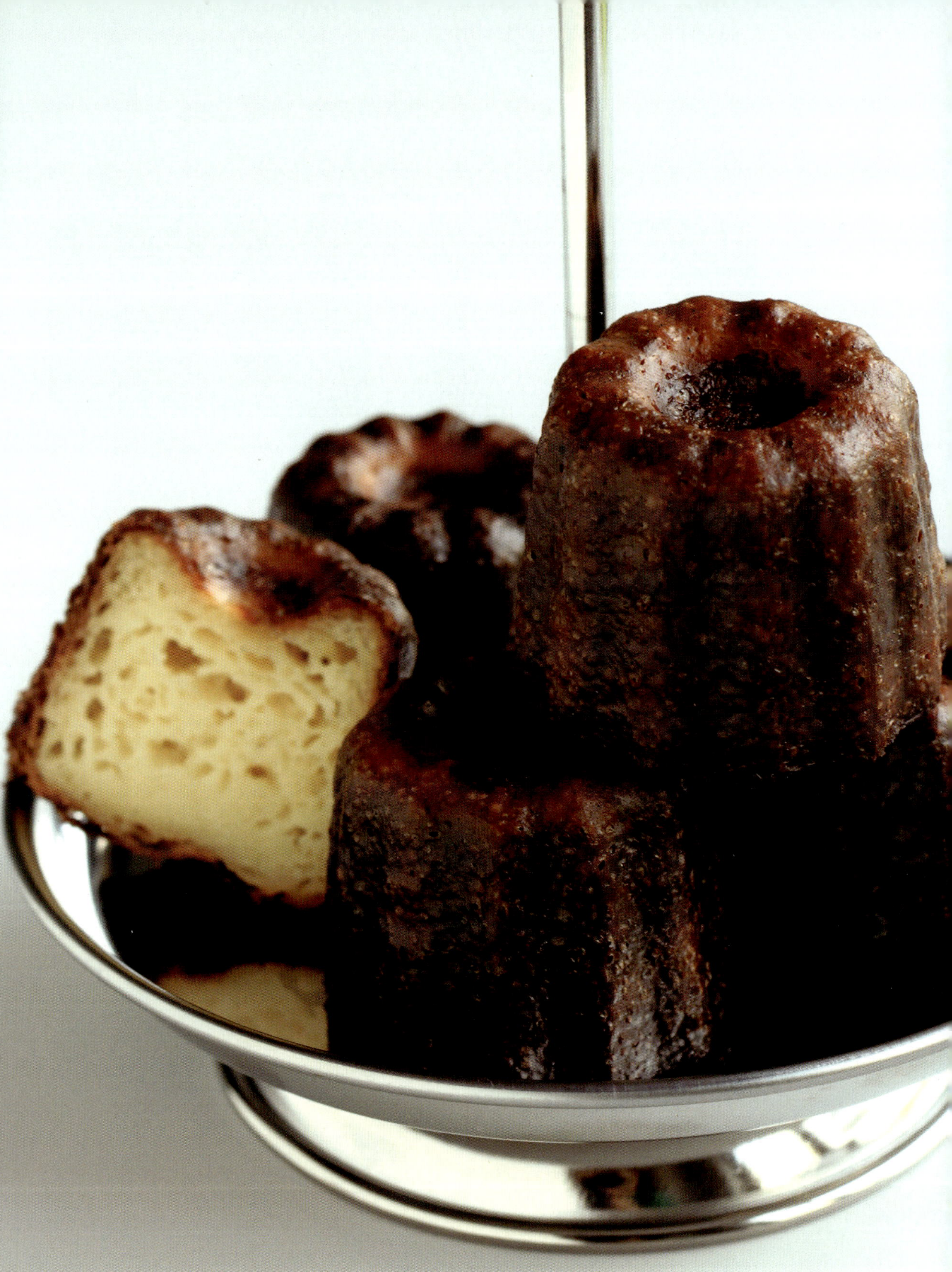

바닐라 까눌레

겉은 바삭! 속은 촉촉! 프랑스의 대표 명물 과자인 까눌레입니다. 우리나라에서도 보편적인 구움과자가 되어가고 있지만, 아직은 생소하신 분들도 많은듯해요. 밀납을 다루는 것이 조금 번거롭지만, 다른 공정이 쉬운 편이니까 휘리릭 만들어볼까요?

분량	오븐	맛있게 먹는 기간	보관방법
까눌레틀 6개	180℃ 40~50분	구운 당일	상온

재료

바닐라빈 1/2개　　설탕 115g　　　달걀노른자 25g
우유 240g　　　　박력분 60g　　　다크럼 20g
버터 20g　　　　　달걀 10g　　　　유기농 밀납 조금

미리 준비하기

모든 재료는 계량 후 실온에서 30분 정도 보관해 실온 상태가 되면 사용하세요.
박력분은 체 쳐서 준비하세요.

TIP

유기농 밀납을 녹이기 위해 사용했던 볼과 중탕물을 끓였던 냄비는 다른 용도로 사용하지 말고 계속 밀납용으로 사용하세요.
까눌레틀에 밀납을 입힐 때, 틀이 차가우면 밀납이 필요 이상으로 두껍게 입혀지기 때문에 두꺼운 장갑을 끼고 까눌레틀이 뜨거울 때 작업하세요.

유기농 밀납을 볼에 넣어 중탕으로 녹입니다.

까눌레틀은 오븐의 열로 뜨겁게 데웁니다.

뜨겁게 데운 까눌레틀 하나에 녹인 밀납을 가득 붓고, 다른 까눌레틀에 밀납을 계속 넘겨 부으면서 얇게 입힙니다.

까눌레틀을 뒤집어 여분의 밀납이 떨어지게 하고, 완전히 식혀서 사용합니다. 전날 미리 준비해도 좋습니다.

냄비에 우유와 설탕, 버터, 씨와 껍질을 분리한 바닐라빈을 넣어 설탕이 녹을 정도로 가볍게 데우고 식힙니다.

볼에 체 친 박력분을 넣고, 충분히 식힌 우유를 조금씩 넣으며 거품기로 덩어리지지 않게 풀어줍니다.

반죽에 미리 풀어놓은 달걀과 달걀노른자, 다크럼을 넣어 가볍게 섞고, 랩을 씌워 냉장실에서 하루 정도 숙성시킵니다.

숙성된 반죽을 틀에 붓기 전에 체로 걸러 바닐라빈과 달걀 끈을 제거합니다.

반죽을 미리 만들어둔 밀납틀에 붓고, 180℃ 오븐에서 40~50분간 구우면 완성입니다.

당근 호두 까눌레

달달한 까눌레를 조금 더 건강하게 먹기 위해 당근과 호두를 넣었어요. 당근의 달달함과 호두의 고소함이 참 잘 어울린답니다. 까눌레이기는 하지만 당근 케이크처럼 크림치즈를 올려먹어도 맛있을 것 같아요.

분량	오븐	맛있게 먹는 기간	보관방법
까눌레틀 4개 미니 까눌레틀 12개	180℃ 35~40분	구운 당일	상온

재료

우유A 40g
당근 30g
호두 10g
바닐라빈 1/6개

우유B 190g
버터 20g
설탕 115g
박력분 60g

달걀 5g
달걀노른자 22g
유기농 밀납 조금
슈가파우더 약간

미리 준비하기

모든 재료는 계량 후 실온에서 30분 정도 보관해 실온 상태가 되면 사용하세요.
박력분은 체 쳐서 준비하세요.

까눌레틀에 미리 밀납을 입혀 준비합니다(290p 1번부터).

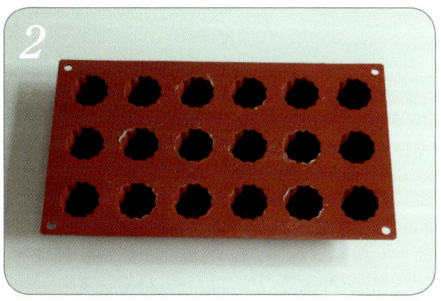

미니 까눌레틀에는 분량 외의 버터를 칠한 뒤, 냉장실에 잠시 넣어둡니다.

당근은 제스트로 갈아 우유A 함께 섞어 믹서기로 갈아줍니다. 당근의 씹는 맛을 원하면 갈지 않아도 됩니다.

호두는 로스팅해서 칼로 다져 놓습니다.

우유B와 버터, 바닐라빈, 설탕을 냄비에 넣고 설탕이 녹을 정도로만 살짝 데운 후 식힙니다.

볼에 체 친 박력분을 넣고, 한 김 식힌 우유를 조금씩 넣으며 거품기로 섞어 덩어리가 지지 않도록 섞습니다.

달걀과 달걀노른자를 넣고 거품기로 가볍게 섞은 후 체에 거릅니다.

미리 준비한 당근과 호두를 넣고 섞습니다.

반죽을 볼에 담아 랩을 씌우고 냉장실에서 하루 정도 숙성시킵니다.

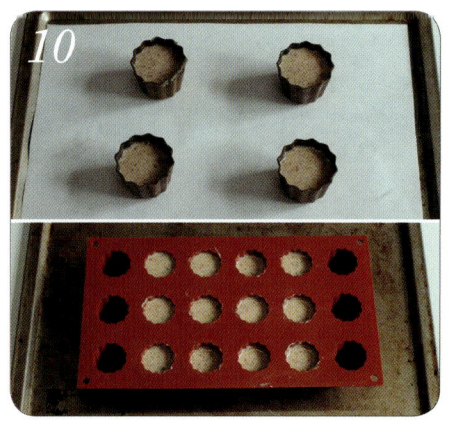

미리 준비해둔 틀에 숙성된 반죽을 85~90% 정도 채워, 180℃ 오븐에서 35~40분간 굽습니다.

잘 구운 까눌레에 슈가파우더를 체 쳐서 뿌리면 완성입니다.

특별한 레시피를 원하는 홈베이커들을 위한

럭셔리 홈베이킹 시리즈

식빵 & 브레드   롤케이크   머핀   쿠키   구움과자

각 분야의 소문난 실력자들만 모았습니다.
전문가들의 특급 노하우와 숨겨진 특별 레시피를 공개합니다.
완벽한 베이킹을 꿈꾸는 홈베이커들을 위한
버밀 베이킹 북, 럭셔리 홈베이킹 시리즈에서 만나보세요.